超省時麵團×不失敗麵糊

*RoBistore*的烘焙食光

Contents

目錄

7 作者序－令人沈迷的家庭烘焙

8 本書用法

10 必要的工具選購

12 基本但關鍵的烘焙材料

EASY！大家都能玩麵團做麵包

15 鹽味奶油捲（中種）

18・20 基礎山形吐司

19・22 紅藜紫薯小吐司

24 田園雞肉帕里尼

26 起司蔓蔓小吐司

28 優格迷你吐司

30 南瓜手撕包

32 手撕肉桂卷

34 小山豬麵包

36 全麥吐司（全麥中種）

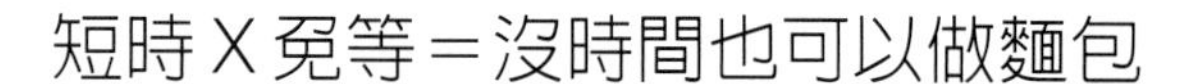

短時X免等＝沒時間也可以做麵包

40・42 麵包機也能做的經典生吐司（麵包機一鍵到底）

41・44 庫克太太

46・48 蔓越莓乳酪圓麵包（隔夜優格中種）

47・50 超軟Q香蒜麵包（隔夜優格中種）

52 德國香腸麵包（隔夜優格中種）

54・56 蜂蜜優格軟吐司（隔夜優格中種）

55・58 可可蛋糕吐司

60•62 蜂蜜貝果

61•64 彩椒羅勒貝果

66 辣起司岩漿貝果

免訂位！我家就是私廚甜點店

70 濃巧克力戚風（燙麵）

74 洋梨戚風蛋糕（非燙麵）

78 草莓迷你小戚風（非燙麵）

82 香柚蜜戚風（非燙麵）

87 芝麻奶凍戚風 （非燙麵）

90•92 夏日芒果捲（燙麵）

91•94 手指餅乾

96 抹茶藏心草莓捲（水果＋抹面）

100 浪花戚風（燙麵）

幼幼班也能驕傲端上桌

104•106 超滑嫩伯爵茶布丁（電鍋）

105•108 老派布丁（電鍋）

110•112 鐵盒壓模餅乾（蛋白）

111•114 經典提拉米蘇

116 伯爵茶司康（壓模）

118 抹茶紅豆司康（壓模）

120 藍莓司康（不規則）

122 蝸牛擠花餅乾

124 抹茶貝殼餅乾

126 菠蘿蘭姆司康（不規則）

不開爐免烤箱，清爽品嚐

130 香蕉乳酪布丁（電鍋）

132 小海獅芝麻奶酪（免烤）

134 碧綠葡萄奶酪（免烤）

136 豆乳奶酪（免烤）

138 手作甜桃醬

140 荔香蘋果醬

特別收錄：不藏私的烘焙小秘密

17 中種法&隔夜中種法

21 我的吐司發不到八分滿？

33 關於肉桂糖

43 麵包機預約做法

49 扣重計量法

57 要怎麼看麵團是不是打好了呢？

57 我的麵團怎麼摸起來溫溫的？

63 為什麼我的貝果麵團擀不長，有時烤完側邊還會裂開呢？

73 模型的清洗

89 我的鮮奶油老是打過頭？

89 什麼時候要使用幾分發的鮮奶油？

99 打發蛋白要冰的好還是常溫好呢？

99 彎勾的大小怎麼判斷？

128 泡過酒液的果乾，用之前要擰乾嗎？

137 免顧火蜜紅豆

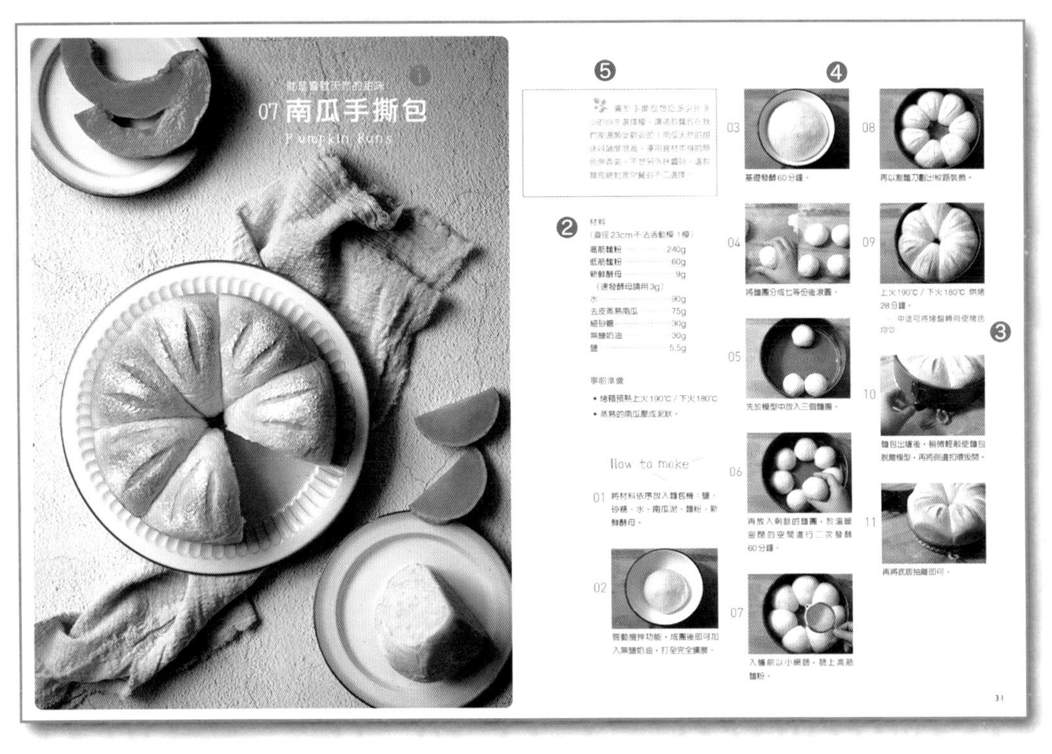

07 南瓜手撕包
Pumpkin Buns

材料
（直徑23cm不沾活動模1模）
高筋麵粉……240g
低筋麵粉……60g
新鮮酵母……9g
（速發酵母請用3g）
水……90g
去皮蒸熟南瓜……75g
細砂糖……30g
無鹽奶油……30g
鹽……5.5g

事前準備
- 烤箱預熱上火190°C／下火180°C
- 蒸熟的南瓜壓成泥狀。

How to make

01 將材料依序放入麵包機：鹽、砂糖、水、南瓜泥、麵粉、新鮮酵母。

02 啟動攪拌功能，成團後即可加入無鹽奶油，打至完全擴展。

03 基礎發酵60分鐘。

04 將麵團分成七等份後滾圓。

05 先於模型中放入三個麵團。

06 再放入剩餘的麵團，於溫暖密閉的空間進行二次發酵60分鐘。

07 入爐前以小網篩，篩上高筋麵粉。

08 再以割麵刀劃出紋路裝飾。

09 上火190°C／下火180°C 烘烤28分鐘。
中途可將烤盤轉向使烤色均勻。

10 麵包出爐後，稍微輕敲使麵包脫離模型，再將側邊扣環扳開。

11 再將底版抽離即可。

31

❶ 麵包／糕點的中英文名稱

❷ 每道都有材料、作法，更詳細列出料理份量
事前準備：讓製作更順利，不會手忙腳亂

❸ TIPS：讓您100%精準掌握製作的重點關鍵，簡單做零失敗

❹ 詳細的步驟與圖解！照著圖片做，就能毫無困惑的在家複製成功的甜點

❺ 麵包／糕點介紹

本書注意事項

- 戚風蛋糕使用模型為10cm、14cm加高（容量約6吋），17cm（容量約6-7吋，用6吋的配方也ok，只是高度會稍矮一些而已）。
- 戚風蛋糕的模型請選用可沾附的款式，如：陽極模（大多為銀色）或硬膜（大多為黑色），使用前須確認模型內沒有沾到油脂與水分，使用時也不需抹油、撒上高筋麵粉或鋪紙。
- 戚風蛋糕的新手，建議先選用有中空柱的款式，有助於蛋糕中心烘焙熟透。
- 戚風蛋糕分蛋時，蛋白鍋請務必注意勿碰到任何的油脂、蛋黃或水分，以免無法打發。
- 戚風蛋糕的蛋白需要打發至彎鉤狀，為了方便操作，建議使用電動攪拌機。（手持、桌上型皆可）。
- 雞蛋選用size L，重量帶殼約55-60g。
- 製作純使用蛋黃或蛋白的食譜時，可另外參考書中相對應的食譜，就不擔心剩下的食材如何處理了。（當然，煮蛋花湯也是好主意唷！）。
- 抹茶粉加熱後轉黃為自然現象，選用烘焙專用的抹茶粉，可以減少這樣的狀況。
- 製作麵包的液體用量會隨著選用的麵粉吸水性而有不同，可先保留20g視情況慢慢添加。
- 製作麵包的模型，建議使用不沾模，若非不沾模，則可抹油並撒上薄薄的高筋麵粉作為防沾，或直接鋪上烘焙紙。
- 如需製作更多的成品，所有食材皆須一起乘以相同的倍數。
- 本書中的烘焙品甜度皆已調整為我們家習慣的口味，為避免導致失敗，建議不要再任意減少糖份囉！

令人沈迷的家庭烘焙

一次有趣的網路徵文活動，讓我從此踏入烘焙部落格的寫作，由於家裡沒有頂級的營業烤箱、也沒有專業器材，單純憑著在烘焙材料行容易取得的食材，我開始了小廚房的烘焙生活，回想起來，第一次烤出圓型的小麵包時，我就確信我愛上烘焙了。

也許有些人會覺得，自己動手做不僅很麻煩，而且可能還「不會比較便宜」(是的，家庭烘焙經常是小量小量的採買，單次出爐量少，包含水電食材...等的成本計算下來，可能還比市售品貴上不少)，不過可以挑選信賴的材料、成分，製作過程自己可以把關也是我喜愛家庭烘焙的一大原因，看著家人與朋友開心地享用著自家出爐的美味，我也獲得了無比的成就感與滿足，希望能將這份愉悅分享給更多朋友。

這本書除了集結各種非常適合家庭製作的食譜，我特別收錄了「B.L.旅人食光」部落格這些年，常被網友詢問的問題，與想要提醒大家的地方，希望讓初次接觸烘焙的朋友們，能更輕鬆地踏入令人沈迷的家庭烘焙世界。

我真的非常非常感謝，一直以來非常挺我的粉絲們，有你們的陪伴才有後來的「RoBi store 粉絲團」還有很晚才起步的 Instagram，讓我更有動力製作簡單美味的食譜，持續與大家分享。上一本書出版後，我也組織了自己的家庭，更激發了許多不同的烘焙靈感，說到這個！身邊多了一位可以幫忙消滅食物的試吃員還真是不錯，冰箱容易空出來，讓我好製作更多有趣的點心來塞滿了。

衷心期盼這本書的內容，不僅讓你學會如何製作受大家歡迎的微甜甜點，日常的生活「食」光也能翻閱參考，讓樸實美味的麵包可以成為你家的餐桌必點，再次感謝每一個陪伴在我身邊的你，謝謝你喜歡我們家的味道。

聯繫著生活×烘焙×手作的－李彼飛

身為不務正業的上班族兼手作人，堅信手作是生活中的最佳療癒，每天再累也要摸摸麵團，拌拌蛋糕才安心。忙碌的工作之餘，仍不放棄對於家庭烘焙的喜愛。

2014年經營「B.L.旅人食光」部落格至今，始終堅持以簡單食材與作法，製作出全家人享用的餐點！喜歡將當季食材融入烘焙日常，這本書不只甜點，更加入許多適合家庭隨時常備的烘焙品，即使是無基礎的新手，也能輕鬆踏入令人沉迷的烘焙世界。著作有《從零開始學戚風》。

李彼飛

部落格：B.L.旅人食光robi-kitchenlab.blogspot.com
粉絲專頁：RoBistore.facebook.com/pg/RBSTORE
IG：instagram.com/robistore/

必要工具選購

想要完成書中的烘焙品，有些工具是你一定至少要選購的，其他則可等自己有興趣後再來添購，提供我自己的一些小建議，一起來看看有哪些吧！

❶ **模型**　戚風蛋糕專用模（陽極模或硬膜）、12兩吐司模，蛋糕模與吐司模是我最常用的兩種模型，也非常建議大家添購，其他食譜中的小吐司可放入模型亦可不用模型直接整形，大家可以依喜好添購，是否要購買小磅蛋糕模來烤吐司倒不是那麼首要考慮的項目。

❷ **電子磅秤**　烘焙的食材重量相當重要，建議選擇至少可測量至0.1g的款式。

❸ **電子計時器**　烤箱上的時間刻度有些較大格，可能不是那麼精確，建議使用手機內建的計時器或另外準備電子計時器，以免誤時唷！

❹ **網篩**　製作蛋糕時，低筋麵粉需要過篩，因此請一定要準備一個稍大的網篩來過篩麵粉。麵包入爐前的裝飾，則可運用小的網篩撒上高筋麵粉。

❺ **手持打蛋器與刮刀**　這兩樣可說是戚風蛋糕必備的工具，打蛋器用於大面積混合，加快混合速度，但是對蛋白霜的破壞力較強，此時刮刀就派上用場了，可輔助確實翻拌，讓麵糊更均勻，刮刀建議選用可耐熱的款式，這樣做果醬時，還可以順便作為攪拌用。

❻ **抹刀**　若有需要在蛋糕上抹鮮奶油，那抹刀絕對是你的必備工具，6吋與8吋抹刀是我最常用的款式，除了抹平表面，還可以製作裝飾或輔助移動蛋糕，是非常好用的工具唷！

擠花嘴與擠花袋　這兩樣小工具價格通常不高，但卻是製作蛋糕裝飾的超級利器，但由於款式眾多，建議可先參考擠出來的花樣來挑選想購買的款式。

❼ **烘焙紙(烘焙布)與網狀透氣烤墊** 為了避免烘焙品黏在烤盤上，可於烤盤上先鋪烘焙紙或烘焙布，現在還有另一種是網狀的透氣烤墊，可以輔助烘焙品受熱的過程中排出氣體，讓表面更加地平整。

❽ **置涼架** 吐司、麵包類與餅乾出爐後最常用到，吐司出爐後一定要儘速脫模(放太久吐司可是會越來越矮的)，麵包與餅乾也必須盡快離開原本的高溫烤盤，此時網狀架高的置涼架就可以派上用場了，可以幫助烘焙品遠離桌面輔助散熱。那戚風蛋糕不需要置涼架嗎？戚風蛋糕出爐後，需要重摔幾次，以排出熱氣避免蛋糕內縮，之後就是倒扣放涼，建議選用較高的瓶子，或專用的倒扣架，至少需要遠離桌面15cm以上，才能避免熱氣悶蒸，讓蛋糕表面潮濕沾黏唷！

❾ **蛋糕轉台** 抹蛋糕必備利器！平常在家我最喜歡將蛋糕直接切片，再淋上少許打發鮮奶油直接享用(單純因為這樣比較方便，而且吃到的鮮奶油比較少)，但有時候想將蛋糕側身也都抹上鮮奶油時，就非常需要轉台這個工具了，建議選用稍有重量的金屬款式，轉起來會更穩定也較為耐用。

❿ **電動攪拌機** 由於戚風蛋糕的蛋白需要打發，為避免用一般打蛋器攪拌不確實(說真的也超級費力)，所以很建議大家準備一台電動的攪拌機(桌上型或手持的都可以)市售款式至少會有三段速度可選擇。工具皆有適宜的用途，因此不建議使用均質機來打發蛋白唷！

⓫ **麵團攪拌機** 麵包類的麵團手揉當然可以完成，不過也是非常的費力費時，也很容易因為操作的時間過長，讓麵糰溫度過高，所以若有麵團專用的攪拌機(搭配鉤形頭)當然會方便很多。本書每次攪拌的份量不多，所以如果家裡有的是麵包機，也可直接使用「攪拌」功能來打麵糰。

烤箱 相信許多人初次接觸烘焙時，都忍不住想問天～到底要選哪台好啊？由於每個人家中可擺放的空間不同，生活條件也不大一樣，所以並沒有所謂的最完美的烤箱，只有最適合你的！(這句話請幫我用螢光筆畫起來)有些網友會問：不能調上、下火行嗎？當然可以，但如果可調，當你想烤一些對溫度敏感的點心時，成功率會更高。

每台烤箱都有自己的脾氣，即使是同個品牌、同個型號，也不見得溫度會百分百相同，建議購買後先試烤個兩、三次比較自己的成品狀態，再來決定要如何調整溫度。

基本但關鍵的烘焙材料

❶ 麵粉

麵粉是多數烘焙品不可或缺的重要成分，本書主要使用的是大家熟知的高筋與低筋麵粉，麵粉由澱粉與蛋白質組成，依蛋白質含量來區分高中低，甚至還有全粒粉、法國粉…等可選用。書中主要運用高筋麵粉來製作麵包；低筋麵粉製作蛋糕與餅乾點心。

製作過程中如果想要達到防沾黏的效果（有時麵團太濕黏不好操作），建議使用不容易結團、結塊的「高筋麵粉」較為有效。反之，「低筋麵粉」很容易有結塊的狀況，因此使用前請務必要過篩唷！

而不同品牌的高筋麵粉吸水量的變化也影響著烘焙品最後的呈現，建議不確定的狀況下，可以先保留食譜中20g左右的液體，慢慢加入（不足則可另外補充），以減少初次製作因不熟悉麵團而失手的機率。

❷ 雞蛋

廣泛運用於各式烘焙品中的食材，新鮮當然是首要選擇條件。本書大多選用L號的雞蛋（淨重約55-60g），簡單來說運用在戚風蛋糕中，蛋黃的卵磷脂可幫助油、水乳化，乳化不完全的蛋黃糊可能會導致蛋糕失敗；蛋白主要肩負著膨脹的任務，加入糖的蛋白經過充分攪打後，形成有韌性、能包覆空氣的細緻氣泡，隨著烤箱內的溫度升高，熱脹冷縮的原理，在麵粉的搭配作用下而撐起整個蛋糕體。

運用於麵包則可有效增添麵包香氣與烘烤色澤，適量添加也能有延緩老化的效果，當然，也有許多人將蛋液過篩後塗於麵包表面，烘烤後的顏色會相當迷人唷！

❸ 油脂

書中主要使用的油脂為「發酵無鹽奶油」與「液體油」（戚風蛋糕使用，建議選擇味道清淡的油品才不會影響成品風味）。於麵包中加入適量油脂，可讓麵包吃起來更加柔軟富有香氣。那到底要選擇有發酵還是未發酵的奶油呢？發酵奶油於製作過程中添加了菌種，因此多了一股特殊的香氣，但並不會影響最後的成敗，大家可依自己的方便與喜好選購。

需要特別注意的是需要軟化奶油時，請務必採用常溫軟化的方式，而非加溫融化唷！平常若一次採買大量，也建議以乾淨的刀具切小塊後密封冷凍保存。

❹ 糖

不同的糖可為烘焙品帶來不同的風味，與麵包或點心的甜味、烤焙後的顏色有著極大的關係，更是天然的保濕食材。除了常用的細砂糖之外，書裡還有用到像是二砂糖、楓糖、蜂蜜、上白糖……作為糖的來源。身為

非螞蟻人的我，也明白大家想少吃點糖的心理，書中的食譜已經調整至我們家都能接受的微甜口感，過度降低可能讓烘焙品烤色不足、蛋白不穩定、口感乾澀。所以千萬不要擅自減少食譜中的糖量唷！

❺ 鹽

許多人常問到，玩烘焙又不是做料理為什麼需要加鹽呢？其實適量的鹽能讓甜點吃起來更加適口，不死甜有層次，以麵包來說更是不可任意刪減的食材，用量雖然不多，但可有效使麵團筋度強化，亦可提升風味，讓麵包本身的味道有更好的呈現。

❻ 水、牛奶、優格

以烘焙品來說，液態材料與麵粉中的麩質混合後，即可形成筋性，因此是不可或缺的材料。當然也有許多人都會想更換成牛奶與優格兩樣食材，雖然不是必須（水本身就是很容易取得的液態材料呢！）但適量加入可以讓口感達到更加柔軟細緻的效果唷！

對於喜歡製作麵包的你更需要注意的是，夏天室溫高的時候，可透過添加的液體，來降低麵團的整體溫度，避免製作出組織狀態不佳的烘焙品。

這邊要特別叮嚀，食譜中的水不能直接替換成牛奶與優格，後面兩者的固形物含量比水多，不同的廠牌又會有所差異，因此如果想自行替換時，需注意添加的用量唷！

❼ 動物性鮮奶油

熱愛甜點的你對這項食材一定不陌生，大家非常喜歡的擠花或蛋糕夾餡，往往就是鮮奶油做的。它是從牛奶中提煉而出，蛋奶素的朋友也可安心享用。其中的油脂經過高速攪拌可快速包覆大量的空氣，也就是我們常說的「打發」，這個過程即使不添加糖也不會造成嚴重的失敗，不過通常會加入約10%的糖來調和味道也可讓外觀更加穩定。

那麼蛋糕上常用的鮮奶油該怎麼選呢？其實只要是液態的動物性鮮奶油，且乳脂肪含量35%以上的就可以了，低於35%會比較不容易打發，當然囉！含量越高，打出來的鮮奶油會越厚實，用量上建議稍微與烘焙品本身搭配，不然很容易有越吃越膩的感覺。

通常鮮奶油一開封保鮮程度就會快速下降，如果真的很少用，就選小包裝的，並保存於冷藏吧！冷凍後的鮮奶油質地會改變，不宜用於蛋糕類的甜點上，如果用於製作濃湯、白醬等烹飪還滿適合的。

Chapter 1

{ EASY！大家都能玩麵團做麵包 }

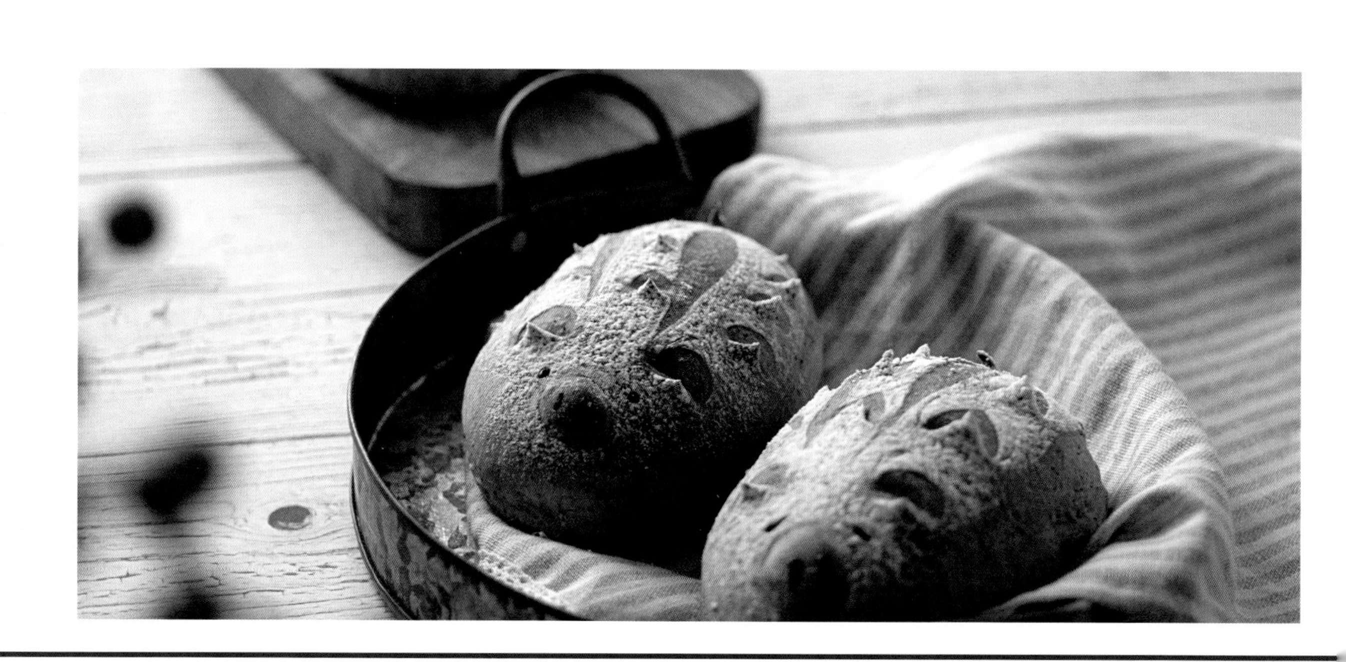

鹽味奶油捲

香到犯規的鹹鹹奶油味

01 鹽味奶油捲 隔夜中種

Salted Butter Rolls

材料 （共8顆）

中種（可製作兩次的份量）

高筋麵粉 ………… 165g
水 ………………… 98g
速發酵母 ………… 2.4g

主麵團

高筋麵粉 ………… 65g
水 ………………… 43g
無鹽奶油 ………… 18g
細砂糖 …………… 18.5g
鹽 ………………… 4.5g

內餡

無鹽奶油 ………… 35g
海鹽 ……………… 適量
軟化的無鹽奶油 … 適量

所謂熟能生巧！我想這款小小的奶油捲一定就是代表了，海螺般的紋路裡，包裹的是鹽味奶油～烘烤後中空的洞洞更是好吃，不用擔心奶油會流出來，這款奶油捲焦香的底部也是一大亮點，有時間一定要練個兩盤，相信一定會很明顯的發現自己越捲越美了。

事前準備

a 烤箱預熱上火180℃／下火180℃

b 中種混合後，放入冷藏發酵8～12小時備用。

c 將內餡的奶油切成4g一塊共八等份，撒上適量的現磨海鹽後，以保鮮膜包裹冷藏備用。

b

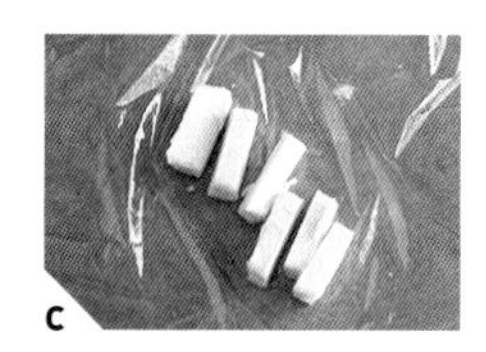
c

How to make

01

將材料依序放入麵包機：鹽、砂糖、水、中種、高筋麵粉。

02

啟動攪拌功能，成團後即可加入無鹽奶油，打至完全擴展。

03

基礎發酵30分鐘。

04

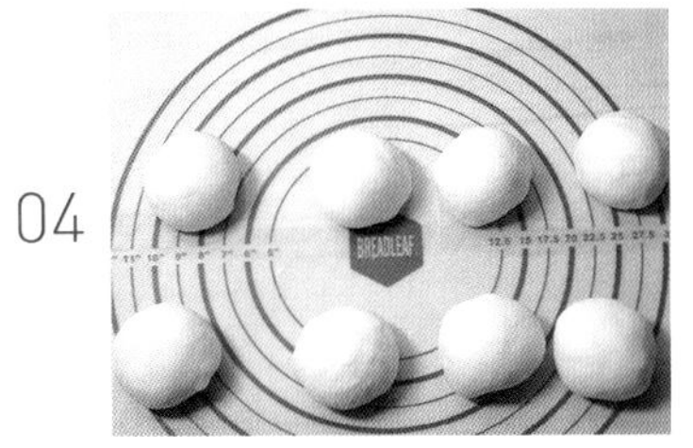

將麵團分成八等份後，滾圓，中間發酵30分鐘。

05

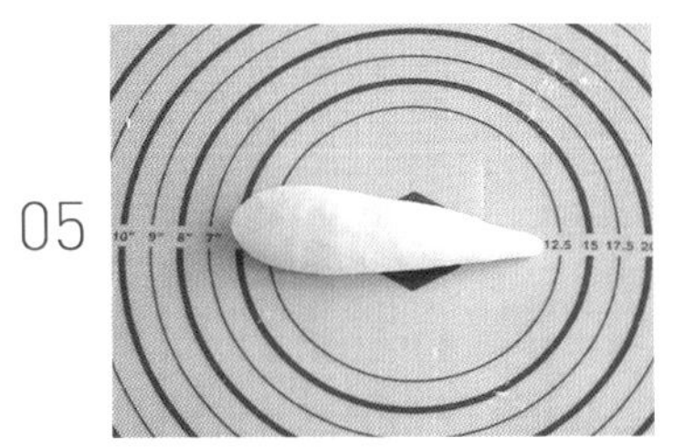

麵團搓成水滴狀。

06

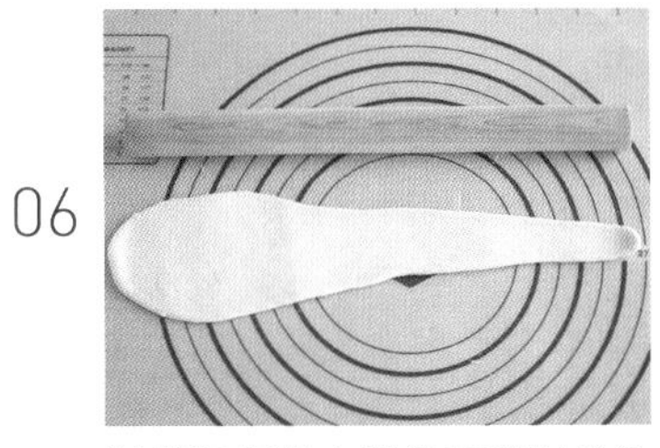

以擀麵棍從中間往下擀出尖角後，再從中間往上將麵團擀開。

07

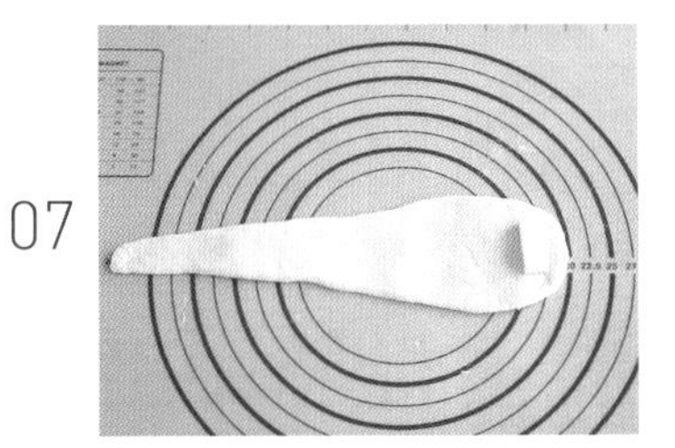

麵團翻面後，避開尖端收口處，先塗上薄薄地軟化奶油，再於寬處放上奶油塊。

08

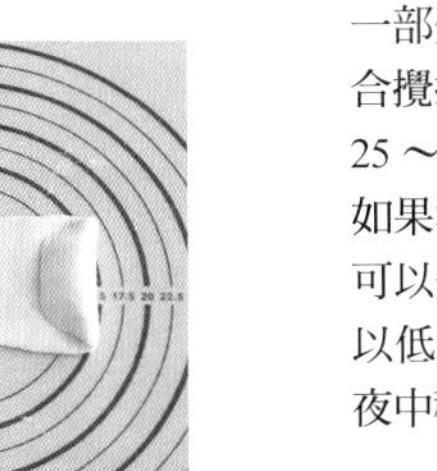

起始處先壓緊。

09

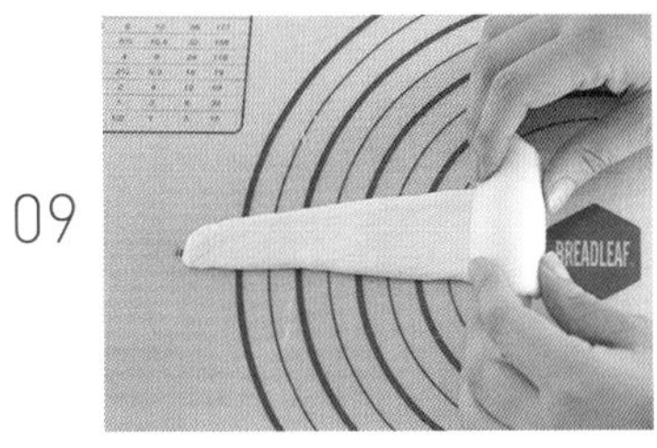

輕輕地將麵團捲起。

10

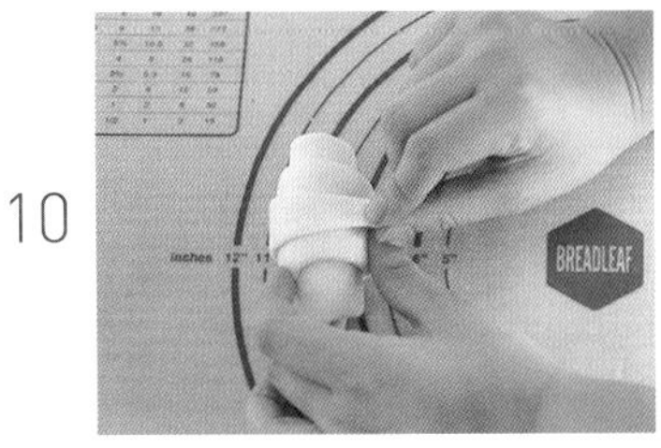

收尾處務必黏合。

11

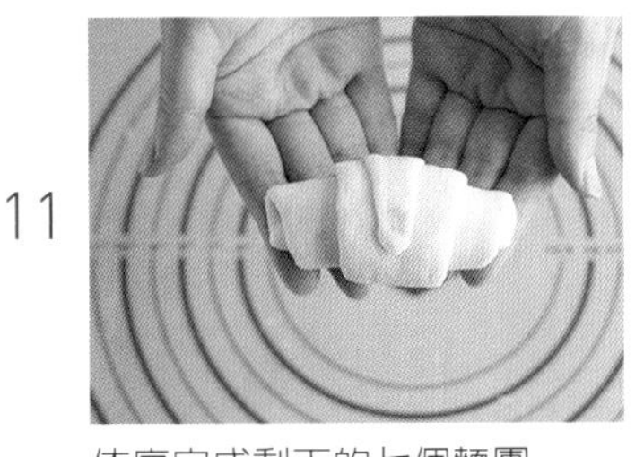

依序完成剩下的七個麵團

12

將麵團收口朝下，排放於烤盤上，後發約40分鐘。

Tips 入爐前可依喜好撒上鹽之花裝飾，也能增加風味，鹽之花於出爐後的常溫狀態下有些許融化的狀態是正常的唷！

13

上火180°C / 下火180°C 烘烤18分鐘。

Tips 中途可將烤盤轉向使烤色均匀。

中種法 & 隔夜中種法

把原本直接攪拌的麵團，預先取出一部分的麵粉與水再加上酵母，混合攪拌後作為「中種麵團」，放在約25～26度的常溫發酵約1.5小時，如果沒有時間繼續後面的製作，也可以先將麵團封緊，放入冰箱冷藏以低溫發酵8～12小時再使用(隔夜中種)。

我常使用的中種與主麵團的比例是6：4或7：3，因為麵團發酵的時間比較長，所以成品不僅膨脹度好，吃起來也會比較鬆軟唷，隔夜中種的水合時間比中種更長，所以麵團會更顯得保濕與綿密。

基礎山形吐司

紅藜紫薯小吐司

吃不膩的百搭天后

02 基礎山形吐司

White Pan Bread

我很喜歡早餐的時候，切兩片吐司，夾上喜歡的餡料就直接開動，或是拿出模型壓出帕里尼才有的紋路，要帶出門時，也可以做成熱壓吐司，就不用擔心餡料散光光了，無論你喜歡哪一種吃法，不能少的當然就是這款百搭的吐司囉！

材料 （12兩吐司 一條）

- 高筋麵粉……240g
- 速發酵母……2.5g
- 雞蛋……1顆（約50g）
- 細砂糖……28g
- 牛奶……152g
- 無鹽奶油……24.5g
- 鹽……3g

事前準備

烤箱預熱上火210℃／下火200℃

How to make

01

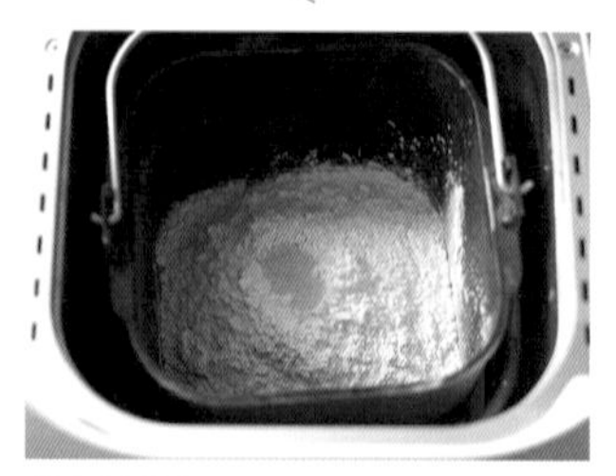

將材料依序放入麵包機：鹽、砂糖、牛奶、高筋麵粉，中間挖個小洞，放入速發酵母埋起來，啟動攪拌功能。

Tips 攪拌麵團時，請務必不要讓酵母直接接觸鹽巴或奶油，因此使用麵包機時，我習慣先放入鹽、糖後倒入液體，再放入麵粉作為阻隔，在麵粉上挖個小洞埋入酵母。

02

攪拌過程中，可以用刮板輔助，將沾附在麵包機邊緣的麵團刮下，可以讓麵團混合的狀態更好，也能減少損耗。

02

成團後即可加入無鹽奶油，打至完全擴展。

03

基礎發酵50分鐘。

Tips 基礎發酵時，若想使用麵包機內建功能，可以將麵團取出，確實滾圓後再放回。也可以另外找個圓弧底部的容器，內側抹上少許的油脂（防沾），再放入麵團蓋上保鮮膜進行發酵。

04

將麵團分成三等份，滾圓後鬆弛15分鐘。

05

以擀麵棍擀開麵團，並拍除氣泡。

06

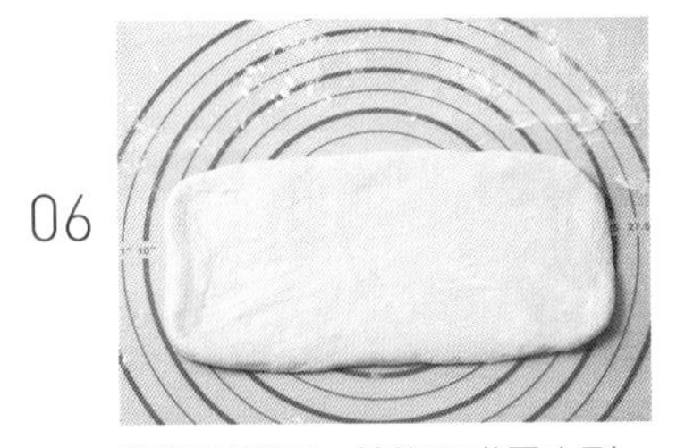

將麵團翻面，並整理成長方形。

07

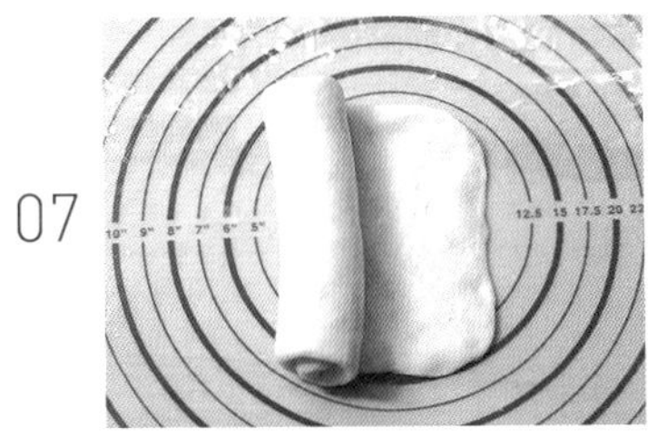

以雙手輕輕捲起麵團。

08

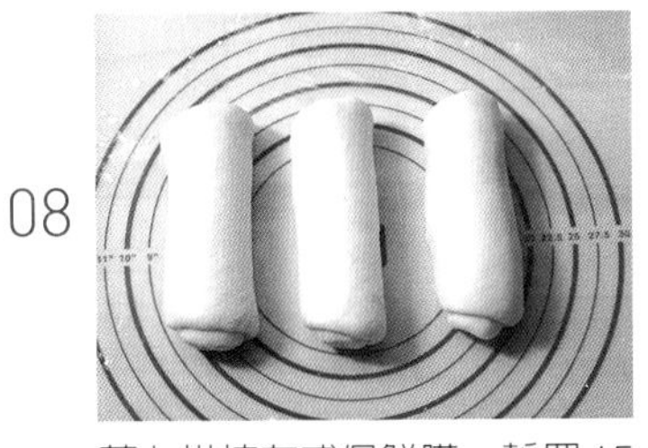

蓋上烘焙布或保鮮膜，靜置15分鐘。

09

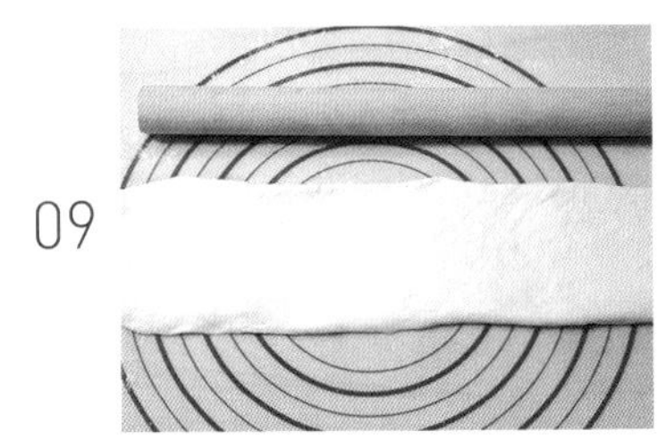

再次以擀麵棍將麵團擀開。

Tips 擀開的動作請從中間開始，往上擀開，輕輕回到中間再往下擀開。

10

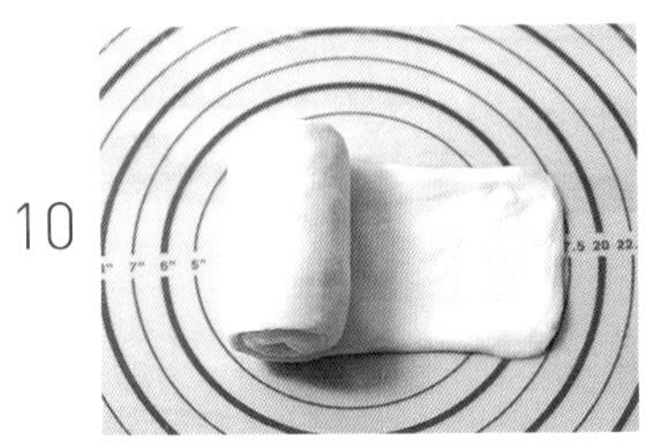

以手掌拍除多餘的氣泡以避免吐司內部空洞，翻面後再次捲起。

11

將麵團收口朝下擺放，放入吐司模型中。

Tips 麵團放入模型時，建議捲捲的方向一致，長高後的樣子也會比較平均唷！

12

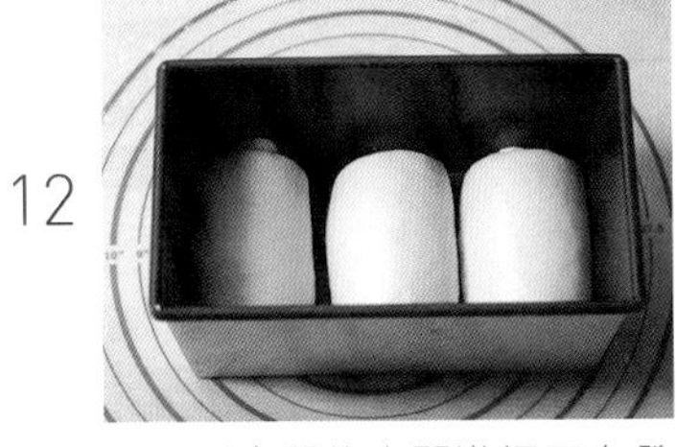

於溫暖密閉的空間進行二次發酵60分鐘。

13

大概八至九分滿時，即可準備入爐。

Tips 若60分鐘後，還未到八、九分滿，可試著延長時間，並確定發酵環境的溫度是維持溫暖的狀態，才不會烤出矮矮的吐司唷！

14

上火210℃ / 下火200度 烘烤25分鐘，將烤盤轉向再烤15分鐘即可出爐。

Tips 吐司出爐後，一定要立刻將吐司離開模型，倒扣在置涼架上，不然會有內縮的狀況出現，接著讓吐司自然放涼即可，請避免以風扇或其他設備刻意吹風加速散熱喔！

我的吐司發不到八分滿？

部落格裡常收到粉絲們的哈比吐司求救信，但吐司發不高的原因很多，像是酵母的新鮮度、用量，當然「根本忘了放」也是偶爾會出現的意外事件。
發酵的溫度也會有影響，如果室溫太低又沒有發酵箱時，我常將吐司模放在微波爐或密閉的空間，並加上一杯熱水提高溫度(寒流期間，熱水可能中途會降溫需要更換)。
另外攪拌不足或是酵母碰到鹽巴等原因也會造成麵團發酵的成果不佳，操作上一定要多加注意唷！

紫色控們可以出動了

03 紅藜紫薯小吐司

Purple Sweet Potato Bread with Red Quinoa

只要家裡買了紅藜麥來入飯，這款吐司也會默默出現在餐桌上～紅藜麥混入麵包後其實並不會有什麼強烈的味道，但吃起來會有一粒粒的豐富口感，這種自帶餡料的吐司吃起來會多了些濕潤感，天然的甜味很容易讓人忍不住嗑掉半條啊！

事前準備

a 烤箱預熱上火 190°C / 下火 180°C

b 模型抹上無鹽奶油後，撒上薄薄一層高筋麵粉備用。

c 內餡攪拌均勻後備用。

d 紅藜麥泡水 1 小時後以大量清水洗淨瀝乾。

b

c

材料
（18×8×6 cm蛋糕模 2模）

麵包

高筋麵粉……………230g
全蛋液……………28g
紅藜麥……………14g
水……………115g
細砂糖……………28g
無鹽奶油……………20g
新鮮酵母……………7.5g
鹽……………2.5g

內餡

蒸熟紫薯壓泥……………120g
牛奶……………30g
煉乳……………7g
無鹽奶油……………10g

How to make

01 將材料依序放入麵包機：鹽、砂糖、水、全蛋、紅藜麥、高筋麵粉、新鮮酵母。

02

啓動攪拌功能，成團後即可加入無鹽奶油，打至完全擴展。

03

基礎發酵60分鐘。

04

將麵團分成兩等份後，以「搯」的方式滾圓麵團。

05

共完成兩個麵團。

06

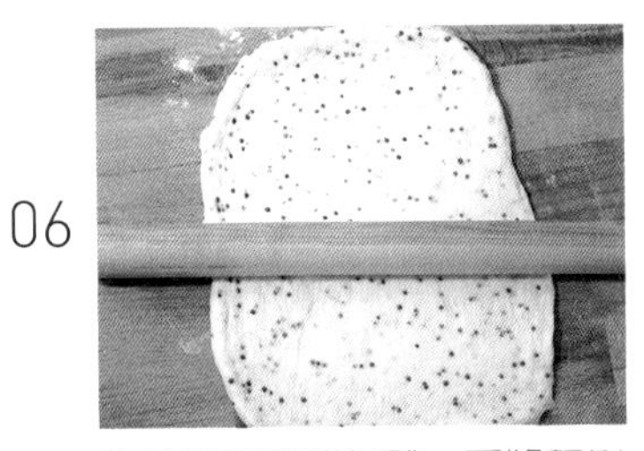

先拍除多餘的氣體，再將麵團擀開。

07

翻面後，將麵團調整成稍微長方形的形狀。

08

抹上事先混合的紫薯醬。

09

將麵團捲起。

10

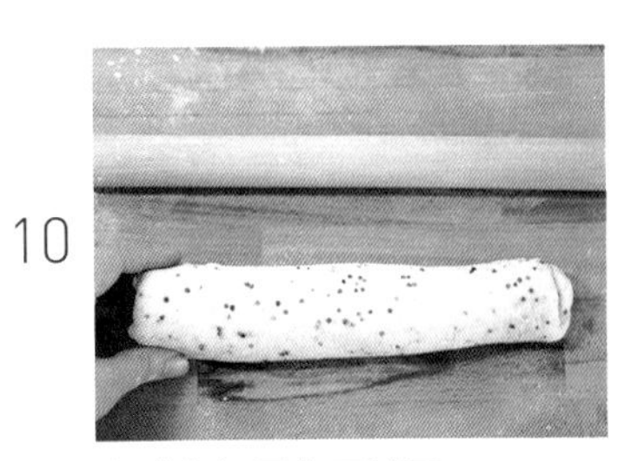

完成的麵團收口朝下。

11

以不鏽鋼刮板切成兩半後，交錯編織。

Tips 其中一端不切斷唷！

12

放入模型中，後發45分鐘。入爐前以小網篩篩上少許高筋麵粉裝飾。

13

上火190°C / 下火180°C 烘烤23分鐘。

Tips 中途可將烤盤轉向使烤色均勻。

早午餐的首選

04 田園雞肉帕里尼

Chicken Panini

假日的早午餐，你是不是也想吃這個?運用小幫手，在家也能做出咖啡店等級的帕里尼套餐，不僅營養，吃起來也非常有飽足感，找個週末試試看吧！

材料

經典山形吐司··········2片
雞胸肉··················1塊
番茄片··················2片
火腿 ····················1片
芥末籽醬··············· 適量
披薩用乳酪絲········· 適量

小溫沙拉

花椰菜················· 適量
番茄片················· 適量

事前準備

- 雞胸肉加入適量鹽巴與酒抹勻，醃漬30分鐘以上，也可前一晚醃著備用。
- 小溫沙拉的食材燙熟後盛盤，享用前加上少許義式油醋。

How to make

製作嫩雞胸肉

01

起一鍋水，煮至微滾冒小泡泡。

02

熄火並放入醃漬後的雞胸肉片，蓋上蓋子，燜20分鐘。

Tips 若肉片太厚，或一次放多片，可能會讓燜的時間變長，建議可以先將肉片橫剖，或多劃幾刀，讓熱度容易進入，時間到若還沒有熟，可延長燜的時間。

03

鐵鍋中放入少許奶油，先煎熟火腿片。

04

原鍋放入燜好的嫩雞胸，煎香表面，再撒上少許迷迭香葉。

05

取其中一片吐司抹上芥末籽醬。

06

放上煎過的雞胸肉。

07

鋪上番茄片，再放上乳酪絲。

08

放上火腿。

09

即可蓋上另一片吐司。

10

裝上帕里尼烤盤，待綠燈亮起。

11

烤盤上可抹些奶油，放上做好的三明治。

12

料少時可以將扣環扣上，料多時，可不用硬壓，運用機器上蓋本身的重量即可。

13

三明治轉180度，再稍微壓至上色即完成。

Tips 吐司機為單邊開闔扣壓式設計，若不扣上扣環時，會讓吐司兩側高度不一，此時將三明治轉180度，再稍微壓一下，即可讓三明治高度一致。

很涮嘴的鹹甜吐司

05 起司蔓蔓小吐司

Cheese and Cranberry Bread

第一次的混搭好像是發生在清冰箱的時候，意外發現冷凍庫裡還有蔓越莓乾，立刻決定把他們通通加入正在攪打的麵團中，結果蔓越莓太早放，吃起來比較沒有口感，後來改用撒上的方式，不僅咬得到起司丁，連果乾香甜也吃得到呢！

材料
（18×8×6 cm蛋糕模 2模）

高筋麵粉................ 230g
無糖優格.................. 46g
牛奶...................... 142g
無鹽奶油.................. 14g
細砂糖..................... 18g
鹽 4g
紅麴粉........................ 2g
速發酵母................. 2.3g

內餡（2條用量）

蔓越莓...................... 35g
高融點乳酪丁 35g

事前準備

a 烤箱預熱上火190℃／下火180℃

b 蛋糕模內塗上無鹽奶油，再撒上薄薄一層高筋麵粉備用。

c 將蔓越莓泡熱水軟化後，壓乾備用。

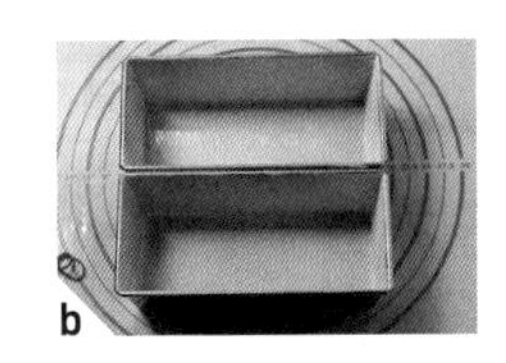
b

How to make

01 將材料依序放入麵包機：鹽、砂糖、牛奶、優格、紅麴粉、高筋麵粉、速發酵母。

02

啟動攪拌功能，成團後即可加入無鹽奶油，打至完全擴展。基礎發酵60分鐘。

03

將麵團分成兩等份後，滾團。

04
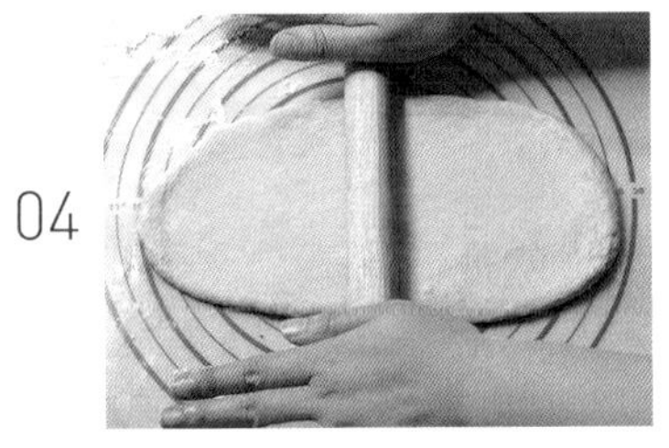
以擀麵棍將麵團擀開。

05

翻面後將麵團調整為長方型。撒上一半的蔓越莓與乳酪丁。

06
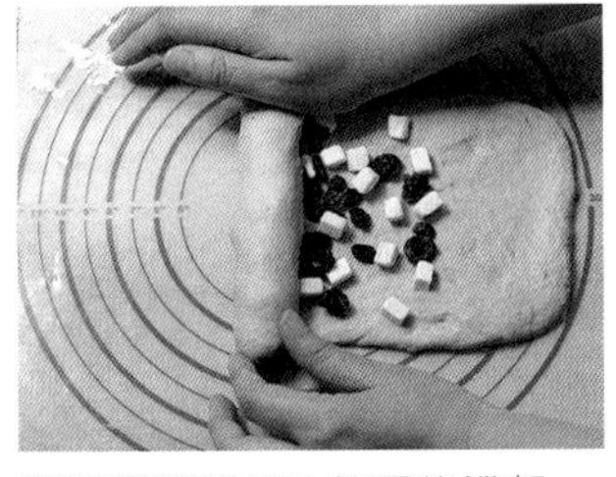
稍微將餡料壓入麵團後捲起。

07

距離尾端1/3處，以不鏽鋼切麵刀，將麵團切割為細條狀。

08

輕輕地將麵團捲起，再放入模型中。

Tips 記得收口處要朝下唷！

09

第二次發酵約45分鐘，入爐前撒上高筋麵粉。

10

上火190℃／下火180℃ 烘烤25分鐘。

Tips 中途可將烤盤轉向使烤色均勻。

這也太可愛了吧！

06 優格迷你吐司

Yogurt Mini Bread

材料

- 高筋麵粉……………250g
- 無糖優格……………80g
- 水……………75g
- 細砂糖……………28g
- 無鹽奶油……………30g
- 速發酵母……………2.5g
- 鹽……………2.5g

事前準備

烤箱預熱上火190°C / 下火180°C

仿吐司擀捲的樣子，把軟Q的小麵團放入八連模內，簡單的步驟就可以生出這麼多可愛的優格小吐司，讓小朋友們直接拿「一條吐司」來吃也沒問題唷！

How to make

01

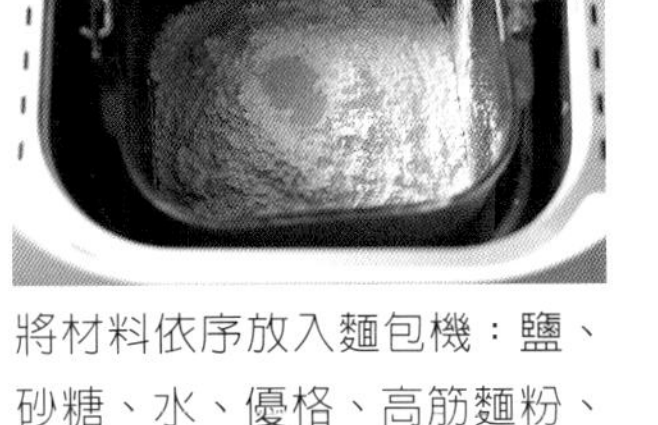

將材料依序放入麵包機：鹽、砂糖、水、優格、高筋麵粉、速發酵母。

02

啓動攪拌功能，成團後即可加入無鹽奶油，打至完全擴展。

03

基礎發酵50分鐘。

04

將麵團分成16等份後，以「摺」的方式滾圓麵團。

05

再對摺，使麵團外表光滑。

06

共完成16顆小麵團。

07

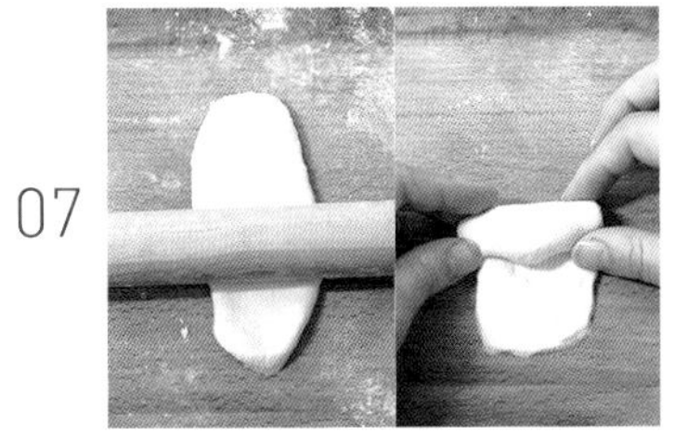

將麵團擀開後捲起。

08

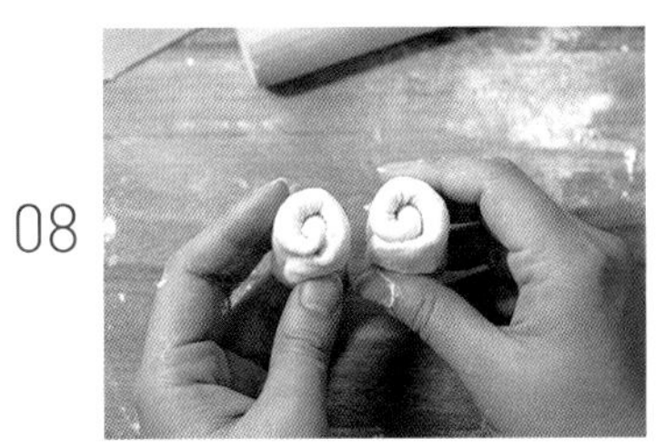

完成16顆後，再一次重複步驟7擀開捲起。

09

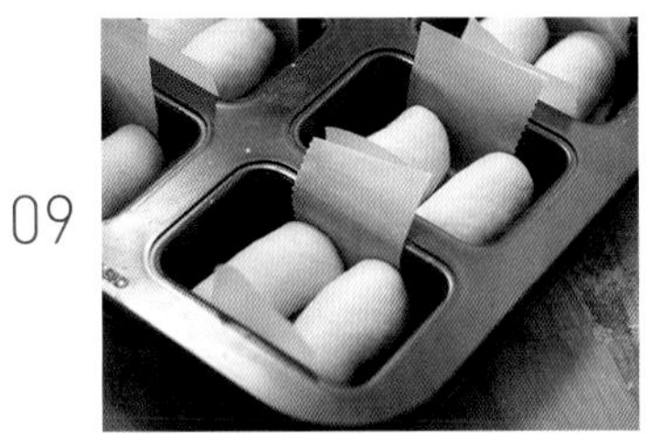

完成的麵團收口朝下放入模型中，後發50分鐘。

Tips 不沾模型中建議放入條狀烘焙紙，脫模時輕輕拉起即可。

10

入爐前撒上高筋麵粉。

11

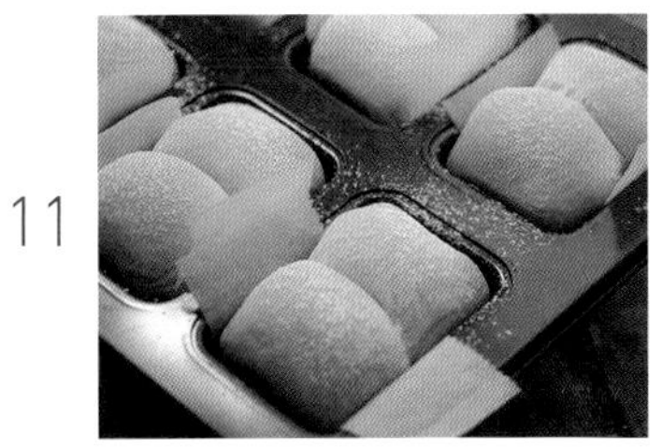

上火190°C / 下火180°C 烘烤18分鐘。

Tips 中途可將烤盤轉向使烤色均勻。

12

出爐後即可提起烘焙紙，讓麵包離開模型。

就是喜歡天然的甜味

07 南瓜手撕包

Pumpkin Buns

圓形手撕包想吃多少拔多少的自主選擇權，讓這款麵包在我們家還頗受歡迎的！南瓜天然的甜味辨識度很高，運用食材本身的顏色與香氣，不想另外抹醬時，這款麵包絕對是早餐的不二選擇！

材料

（直徑23cm不沾活動模 1模）

高筋麵粉……………240g
低筋麵粉……………60g
新鮮酵母……………9g
（速發酵母請用3g）
水……………90g
去皮蒸熟南瓜……………75g
細砂糖……………30g
無鹽奶油……………30g
鹽……………5.5g

事前準備

- 烤箱預熱上火190℃／下火180℃
- 蒸熟的南瓜壓成泥狀。

How to make

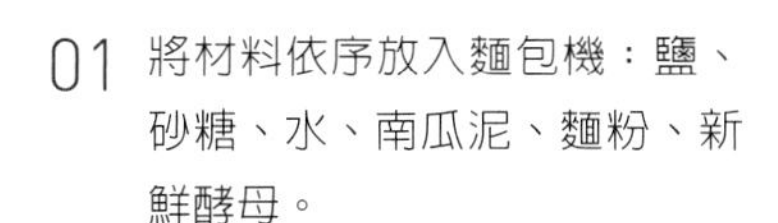

01 將材料依序放入麵包機：鹽、砂糖、水、南瓜泥、麵粉、新鮮酵母。

02

啓動攪拌功能，成團後即可加入無鹽奶油，打至完全擴展。

03

基礎發酵60分鐘。

04

將麵團分成七等份後滾圓。

05

先於模型中放入三個麵團。

06

再放入剩餘的麵團，於溫暖密閉的空間進行二次發酵60分鐘。

07

入爐前以小網篩，篩上高筋麵粉。

08

再以割麵刀劃出紋路裝飾。

09

上火190℃／下火180℃ 烘烤28分鐘。

Tips 中途可將烤盤轉向使烤色均勻。

10

麵包出爐後，稍微輕敲使麵包脫離模型，再將側邊扣環扳開。

11

再將底版抽離即可。

來杯咖啡！午茶就決定這樣吃～

08 手撕肉桂卷

Cinnamon Rolls

家裡有兩枚肉桂控，經過咖啡店時，若店裡傳出熟悉的香氣，我們總會忍不住停下腳步。說到一般熟悉的肉桂捲，油糖用量比起麵包更像是甜點，嘴饞的日子，我喜歡用這款柔軟的麵團來做肉桂捲，在我們家可是大受歡迎呢！

材料　不沾方模22×22cm　1模

高筋麵粉……………250g
動物性鮮奶油…………40g
水………………………140g
細砂糖…………………28g
無鹽奶油………………15g
速發酵母………………2.5g
鹽………………………4.5g

肉桂粉…………………8g
二砂糖…………………40g
軟化無鹽奶油…………適量

抹醬

馬斯卡邦乳酪…………50g
楓糖……………………20g

事前準備

a 烤箱預熱上火190°C / 下火180°C

b 將肉桂粉與砂糖混合調勻。

c 馬斯卡邦乳酪與楓糖攪勻後冷藏備用。

b

How to make

01 將材料依序放入麵包機：鹽巴、砂糖、水、動物性鮮奶油、高筋麵粉、速發酵母。

02

啓動攪拌功能，成團後即可加入無鹽奶油，打至完全擴展。基礎發酵60分鐘。

03

以手掌輕拍麵團，將多餘空氣排出。

04

將麵團擀開成長方形。將麵團翻面。除了收口處，其餘地方塗上軟化的無鹽奶油。

05

輕輕鋪上調好的肉桂糖。將麵團捲起。

Tips 需避開收口處，以便順利收口。

06 收口朝下，完成一整條麵團，長度約36cm。

07

以切麵刀將麵團分割成9等分。

08

把麵團以3×3的方式排入預先鋪好烘焙紙的模型中。第二次發酵時間60分鐘。

09 上火190°C / 下火180°C烘烤18分鐘。

Tips 比起高油糖的甜點麵團，一般麵團的上色會比較淺一點點，喜歡深烤色的話，可以於最後5分鐘，將上火調高10°C烘一下。

10

出爐後快速於麵包表面刷上楓糖漿。放涼後，可依喜好抹上適量的抹醬享用。

關於肉桂糖

我很喜歡一次製作2～3倍用量的肉桂糖，保存於密封的玻璃罐內。除了用於肉桂捲上，品嚐咖啡時，也可以加入一小匙，原味的拿鐵立刻就有了全新的風味，很推薦大家試試看唷！

09 小山豬麵包

Piggy Buns

一次無意間在做哈斯麵包時，多剪了幾刀，發現還滿可愛的，這次再多留一點點麵團，加點裝飾，把它變成超級可愛的小山豬吧！

材料

高筋麵粉……………250g
動物性鮮奶油…………40g
水……………………140g
伯爵茶包…1包（約2.5g）
細砂糖…………………28g
無鹽奶油………………15g
速發酵母……………2.5g
鹽……………………4.5g

事前準備

烤箱預熱上火190℃／下火180℃

How to make

01 將材料依序放入麵包機：鹽巴、砂糖、水、動物性鮮奶油、伯爵茶粉、高筋麵粉、速發酵母。

02

啓動攪拌功能，成團後即可加入無鹽奶油，打至完全擴展。

03

基礎發酵60分鐘，將麵團分成5等份。

05

再各取一小團麵團出來備用，將大麵團滾圓。鬆弛15分鐘後，以手掌排除麵團中的空氣。

06

將大麵團擀開。

07

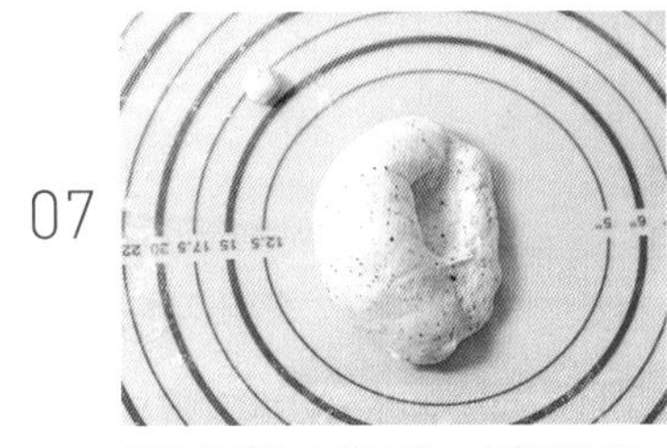

將麵團翻至背面後，輕輕捲起。

08

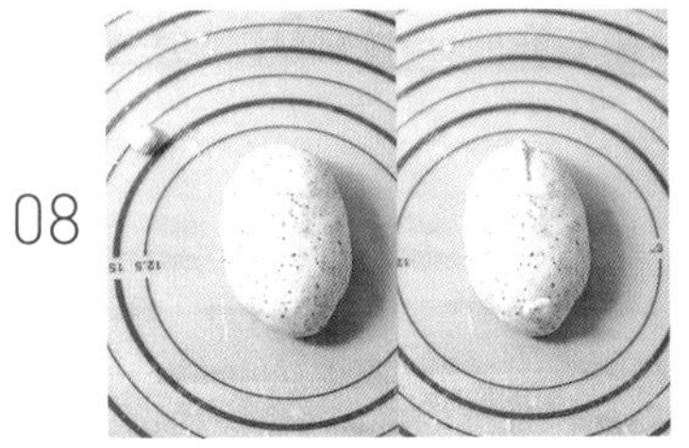

麵團收口朝下。預留的小麵團，取一半壓成橢圓形做鼻子。

Tips 由於麵團會膨脹，鼻子的麵團一開始不要做太突出唷！

09

另一半則搓長做尾巴。

10

依此作法，共完成五隻小山豬。後發時間約50分鐘，入爐前撒上高筋麵粉裝飾。

Tips 建議使用小網篩篩上麵粉會較均勻。

12

以剪刀先剪出較大的兩個三角形作為耳朵。

13

再以割紋刀劃出背部的紋路，約3至4道。

14

紋路中間以剪刀剪出小尖角。

15

上火190°C／
下火180°C，
烘烤18分鐘。

16

出爐後放涼，即可以融化的巧克力畫出小山豬的表情。

相信我！全麥吐司也能這麼好吃

10 全麥吐司 全麥中種

Whole Wheat Bread

許多網友對於全麥粉的使用都不太喜愛，感覺加入吐司或麵包後，口感沒有更好，反而有些渣渣的感覺，還要自己安慰自己這樣比較健康！這次將全麥粉混入中種來製造出鬆軟的口感，這是我們家很受歡迎的吐司唷！

材料　(12兩吐司 一條)

隔夜中種

全粒粉……55g
高筋麵粉……55g
冷水……110g
速發酵母……1.5g

主麵團

高筋麵粉……166g
牛奶……97g
鹽……4g
細砂糖……14g
全脂奶粉……2.5g
速發酵母……2g
無鹽奶油……18g

事前準備

- 隔夜中種的材料全部攪打均勻後，封緊置於冷藏約8至12小時，這個步驟想用攪拌機、麵包機或是手揉都可以。
- 烤箱預熱上火230°C / 下火210°C

How to make

01 將中種切成小塊狀，將材料依序放入麵包機：鹽、砂糖、牛奶、全部的中種、奶粉、高筋麵粉，中間挖個小洞，放入速發酵母埋起來，啟動攪拌功能。

02 

成團後即可加入無鹽奶油，打至完全擴展。

03 

基礎發酵45分鐘，將麵團取出，原本的底層朝上，四周向內摺入，再發酵30分鐘。

04 

輕拍麵團排出多餘的空氣。

05 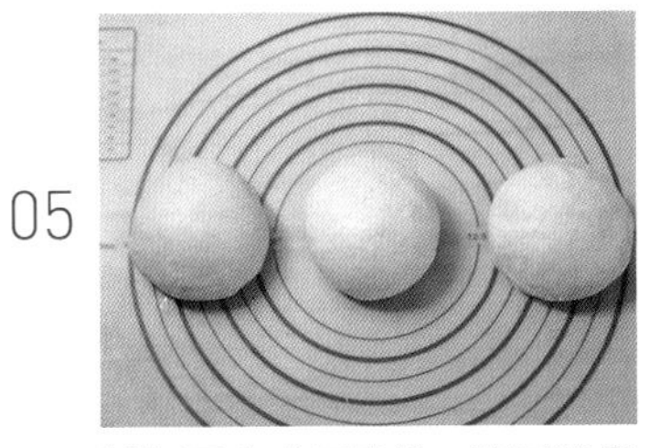

將麵團分成三等份，滾圓後鬆弛15分鐘，再擀開。

06 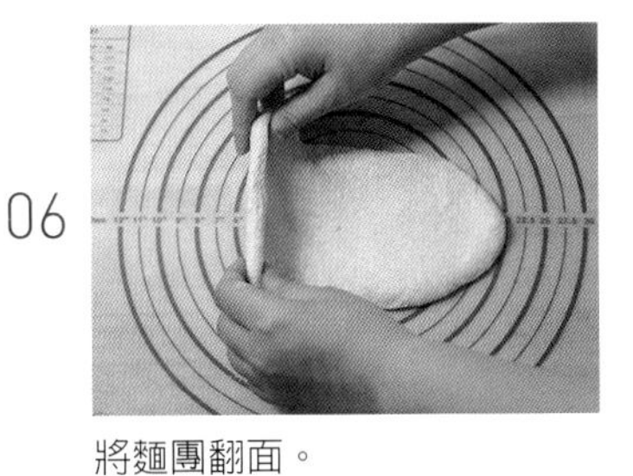

將麵團翻面。

Tips 接觸擀麵棍的為正面，記得翻面的小動作，捲起來的那側才會是漂亮的唷！

07

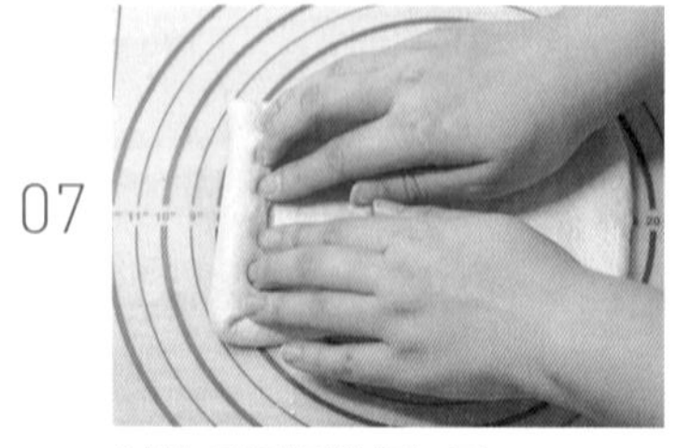

以雙手輕輕捲起麵團。

08

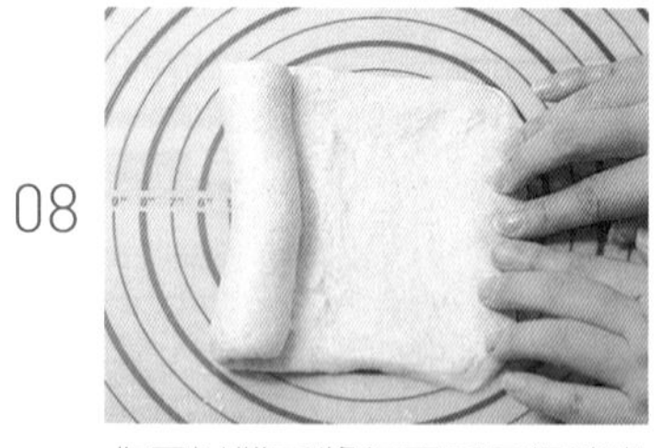

收尾以雙手將麵團延展得稍微薄一些，以增加密合度。

09

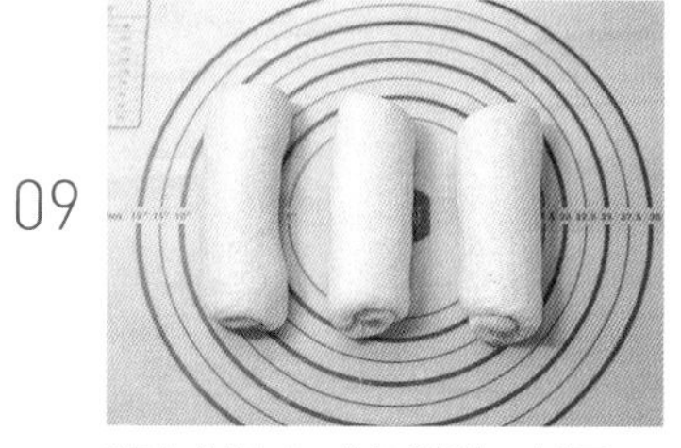

蓋上烘焙布或保鮮膜，靜置15分鐘。

10

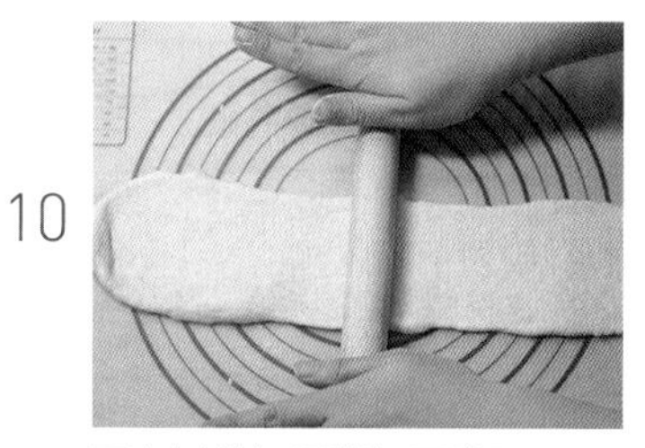

再次以擀麵棍將麵團擀開。

Tips 擀開的動作請從中間擀開始，往上擀開，輕輕回到中間再往下擀開。

11

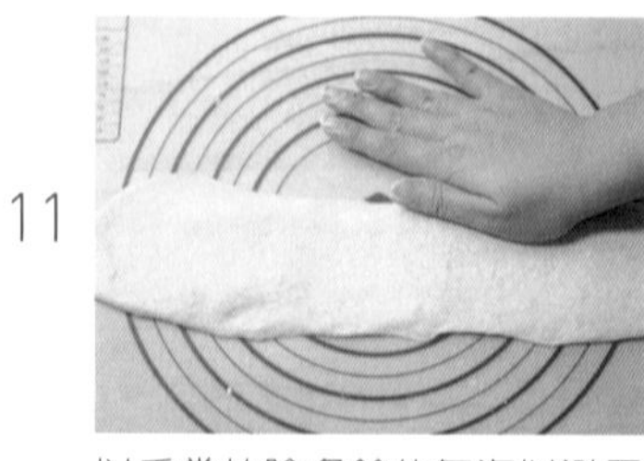

以手掌拍除多餘的氣泡以避免吐司內部空洞。

12

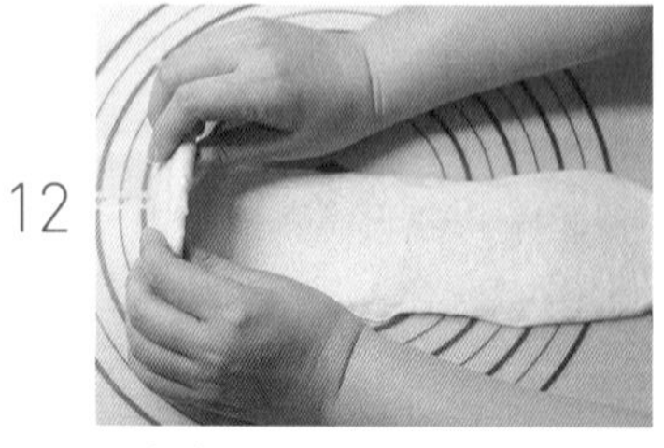

再次進行翻面。

13

輕輕地將麵團捲起。

14

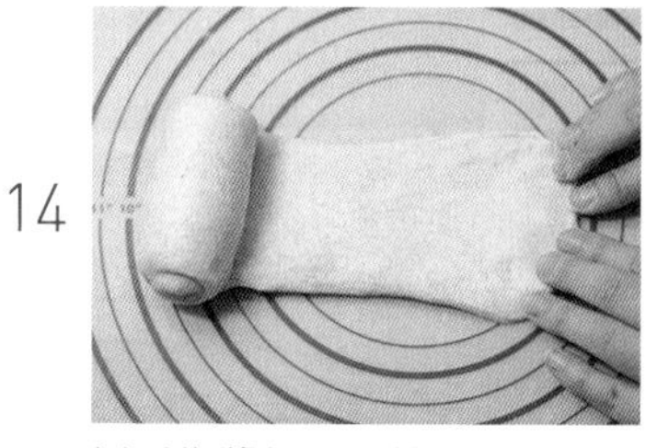

以手指將麵團尾端延展得更薄一些。

Tips 這個小動作可以避免吐司底部有空洞產生。

15

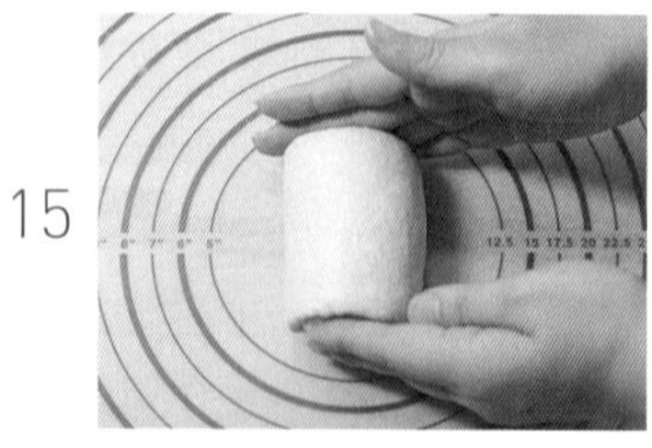

再將麵團捲起來。

16

將麵團收口朝下擺放，放入吐司模型中。

17

於溫暖密閉的空間進行二次發酵50分鐘。

18

大概八分滿時，蓋上吐司模上蓋入爐，上火230℃／下火210度 烘烤25分鐘，將烤盤轉向再烤15分鐘即可出爐。

Chapter 2

{短時X免等=沒時間也可以烤麵包}

吃過就忍不住驚呼回不去了

11 麵包機也能做的經典生吐司

Classic Cream Bread in Bread Machine Edition

日本的生吐司風潮仍在持續延燒～連台灣也開始迷上了這樣的薄皮口感，在日本「生チョコ」指的正是添加了鮮奶油的巧克力，入口即化的濃郁口感讓許多人為之瘋狂！而添加了鮮奶油的吐司自然也被命名為生吐司了～一起來感受這種薄皮口感吧！

庫克太太

麵包機也能做的經典生吐司

材料 （12兩吐司 一條）

高筋麵粉……………255g
速發酵母……………2.5g
水…………………147g
楓糖…………………15g
細砂糖………………30g
動物性鮮奶油…………52g
無鹽奶油………………15g
鹽……………………4.5g

事前準備

烤箱預熱上火210°C / 下火200°C

How to make

01

將材料依序放入麵包機：鹽、砂糖、楓糖、鮮奶油、水。

02

加入高筋麵粉，中間挖個小洞，放入速發酵母埋起來。

03

啟動攪拌功能，成團後即可加入無鹽奶油，打至完全擴展。

04

基礎發酵50分鐘。

05

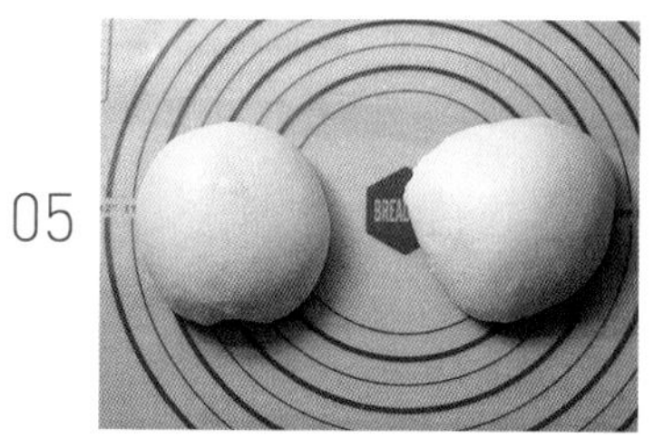

將麵團分成兩等份，滾圓後鬆弛15分鐘。

06

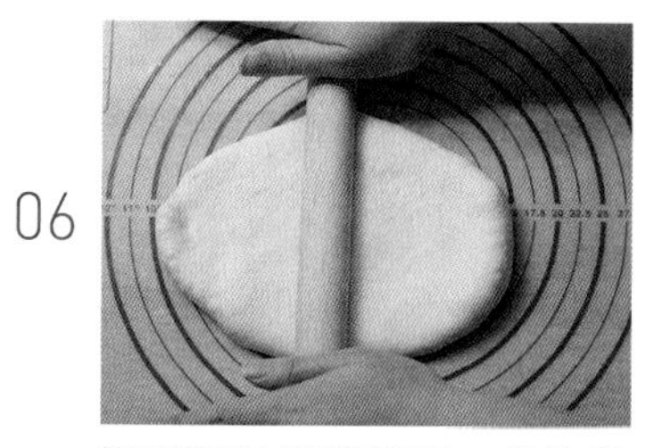

以擀麵棍擀開麵團，並拍除氣泡。

07

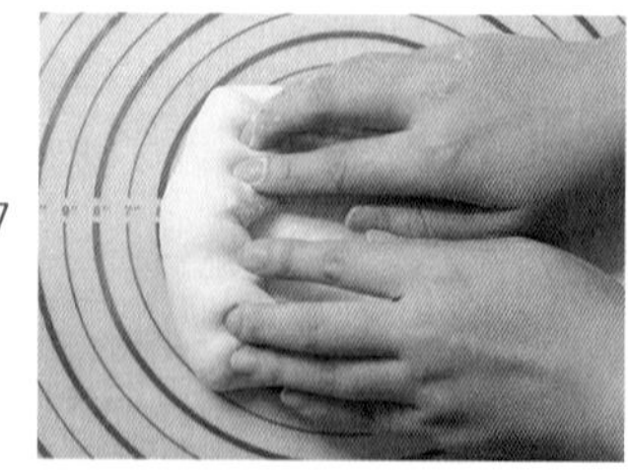

將麵團翻面，以雙手輕輕捲起麵團。

08

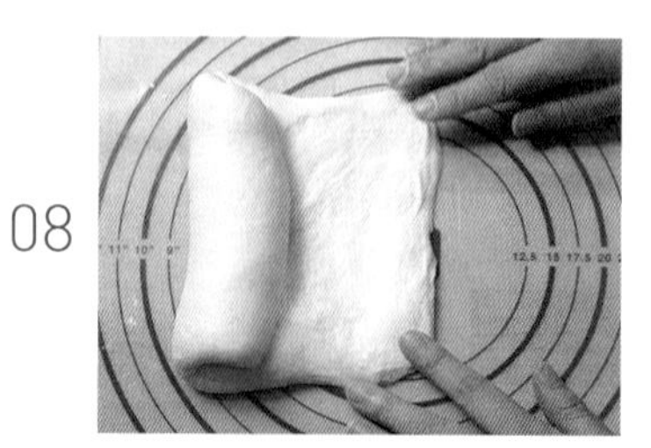

麵團結尾處，稍微將麵團延展得薄一些。

09

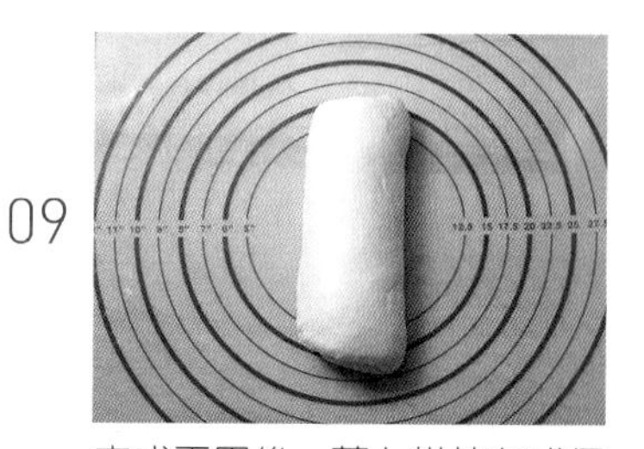

完成兩團後，蓋上烘焙布或保鮮膜，靜置15分鐘。

10

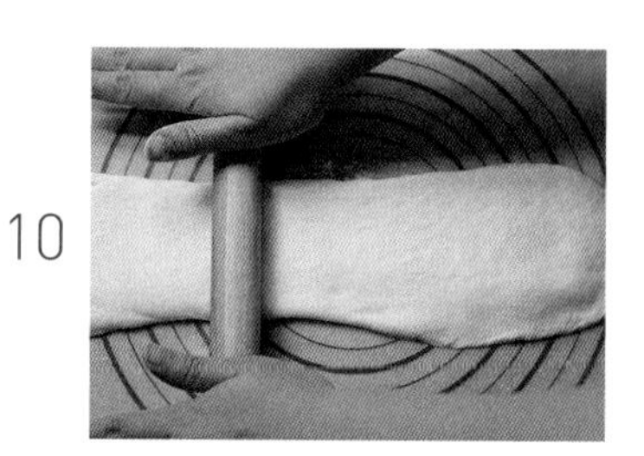

再次以擀麵棍將麵團擀開。

Tips **擀開的動作請從中間開始，往上擀開，輕輕回到中間再往下擀開。**

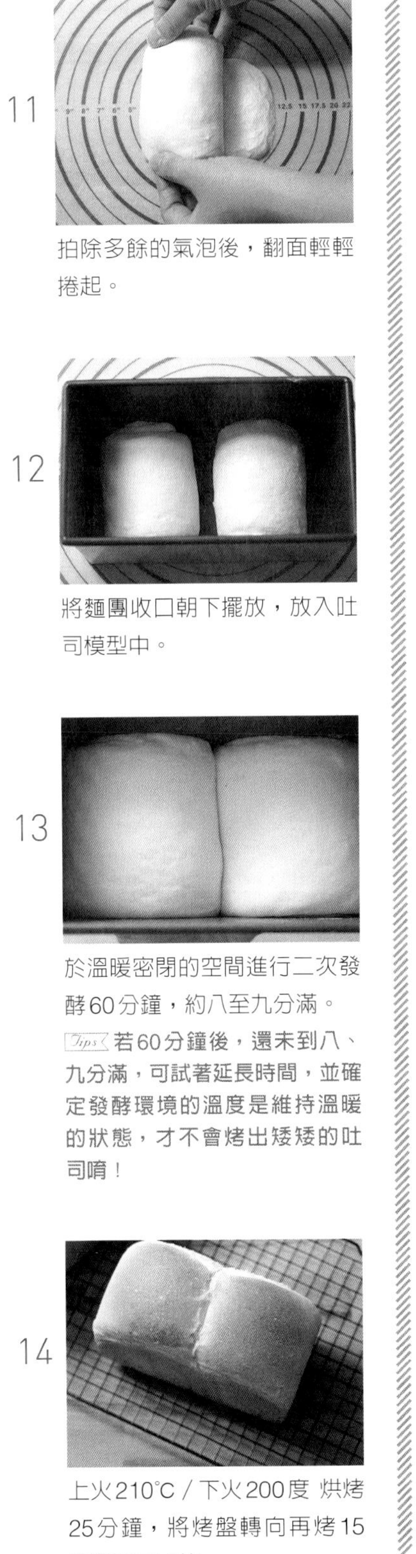

11

拍除多餘的氣泡後，翻面輕輕捲起。

12

將麵團收口朝下擺放，放入吐司模型中。

13

於溫暖密閉的空間進行二次發酵60分鐘，約八至九分滿。

Tips 若60分鐘後，還未到八、九分滿，可試著延長時間，並確定發酵環境的溫度是維持溫暖的狀態，才不會烤出矮矮的吐司唷！

14

上火210°C / 下火200度 烘烤25分鐘，將烤盤轉向再烤15分鐘即可出爐。

同場加映「麵包機預約做法」

這款吐司的質地即使是一鍵到底的懶人模式也能做出
非常Q軟的口感，想要早上起床就有剛出爐熱呼呼的吐司吃嗎？
這招一定要學起來。

〔以睡前預約為範例〕

01

加入食譜中的液體，其中水的60g改為冰塊，夏天天氣熱時可以增加到80g，避免溫度過高。

Tips 請將麵包機置於室內陰涼處。

02

加入砂糖與鹽。

03

放入奶油。

04

再蓋上高筋麵粉與酵母粉。

05

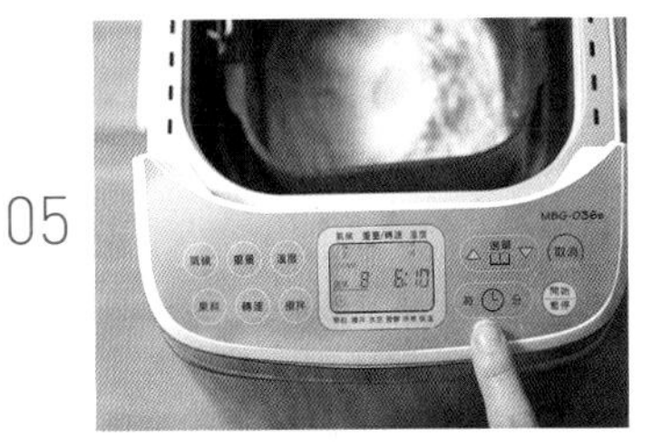

選擇可預約的麵包一鍵到底模式即完成（示範選用布里歐麵團模式）。麵包機上的預約時間表示出爐的時間距離現在設定的時間有多久。

Tips 面板上出現閃爍的小時鐘才表示預約完成。

如果是單純製作非預約模式，僅需選擇喜歡的一鍵到底模式即可，不需另外調整時間。

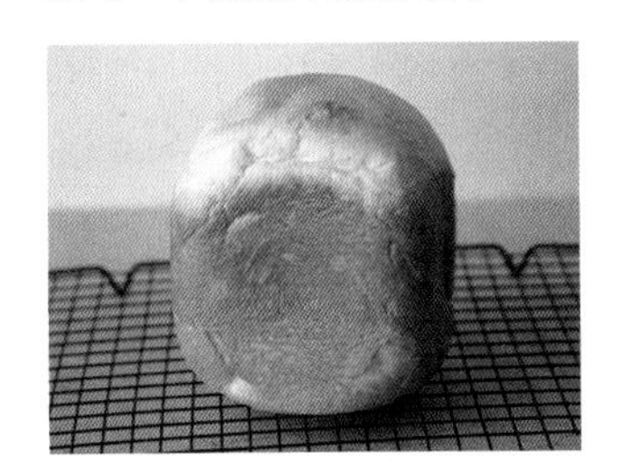

經典的法式三明治

12 庫克太太

Croque Madame

說到經典的法式三明治，一定不能錯過的就是這一味，結合了美味的白醬、起司、火腿與雞蛋，聽起來備料複雜，但實際上做起來並沒有想像中難，運用之前做好的生吐司，柔軟麵包體搭配豐富夾層，口口都是滿足。

材料

- 生吐司……2片
- 火腿……2片
- Emmental 乳酪絲……適量
- 雞蛋……1顆

白醬

- 牛奶……100g
- 無鹽奶油……8g
- 肉荳蔻粉……少許
- Emmental 乳酪絲……15g
- 中筋麵粉……8g

How to make

製作白醬

01

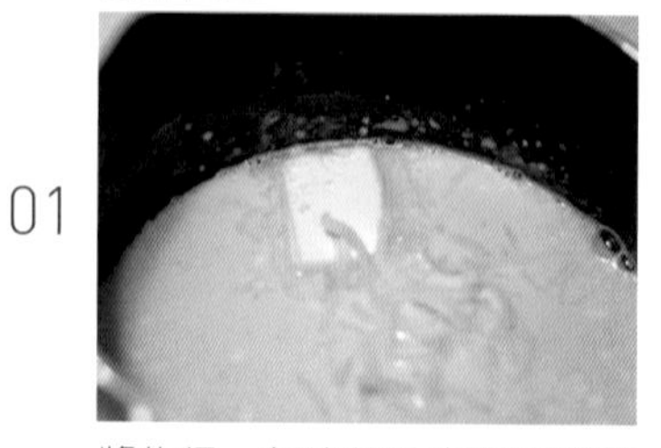

將牛奶、無鹽奶油與乳酪絲放入鍋中加熱。

02

融化後加入中筋麵粉與肉豆蔻粉拌勻。

Tips 如果不喜歡肉豆蔻可以省略添加。

03

鍋中放少許無鹽奶油融化。

04

放上兩片吐司稍微煎香。

05

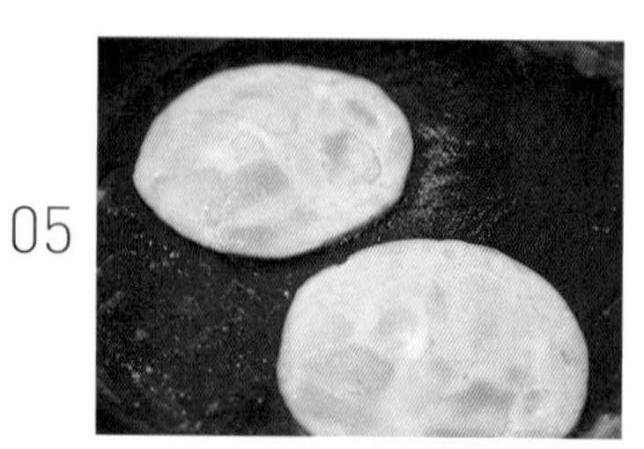

取出後，原鍋放入兩片火腿煎熟。

06

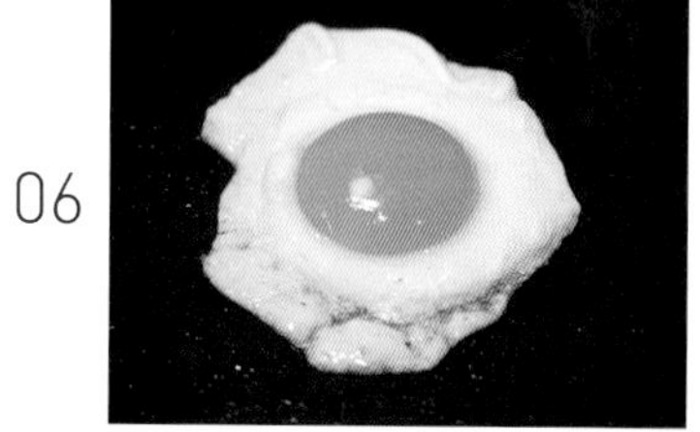

原鍋打入一個雞蛋，做成太陽蛋備用。

Tips 煎太陽蛋一定要使用小火，鍋中可倒入一匙冷水一起煎，若是怕蛋黃位移，打蛋時可先以蛋殼稍微夾著蛋黃，等蛋白受熱後再放蛋黃於中心處。

07

將火腿鋪於煎過的吐司上。

08

放上乳酪絲。

09

再重複一次火腿與乳酪絲，即可蓋上另一片吐司。

10

將完成的白醬厚厚地塗抹於吐司上方。

11

撒上起司絲後放入烤箱以220°C烘烤5分鐘。

Tips 使用一般無上下火的小烤箱也可以，直接轉5分鐘即可。

12

上色後即可出爐。

13

放上煎好的太陽蛋即完成。

關於庫克太太

源自於1901年前的料理，它的原文Croque Madame，Croque正是指香脆的意思，除了煎到香酥的吐司，起司絲高溫烘烤後酥酥的口感也是我非常喜歡的，許多原文釋義都說因為太陽蛋澎澎的蛋黃蓋上吐司後，看起來很像戴了仕女的帽子因此得名，也許你會想問，有太太那有庫克先生嗎？當然有囉～把經典的帽子拿下來後（不放太陽蛋）就是庫克先生（Croque-monsieur)）了，是不是滿有趣的呢！

蔓越莓乳酪圓麵包

超軟Q香蒜麵包

也適合當抹醬酸甜濃郁的莓果乳酪餡

13 蔓越莓乳酪圓麵包 隔夜優格中種

Cranberry Cheese Buns

每次從材料行買了蔓越莓乾，除了取一部分浸泡蘭姆酒，剩下的通常就會被我做成這款抹醬，運用「隔夜優格中種」幫自己省點時間，再把抹醬直接包進去，早餐直接烤來吃就是很有滿足感的麵包了呢！

材料 （約6顆）

隔夜優格中種

- 高筋麵粉……200g
- 冰無糖優格……62g
- 冰牛奶……70g
- 速發酵母……2g

主麵團

- 高筋麵粉……90g
- 水……40g
- 鹽……3g
- 細砂糖……35g
- 無鹽奶油……29g
- 速發酵母……1g

蔓越莓乳酪餡

- 蔓越莓乾……40g
- 奶油乳酪……90g
- 砂糖……8g
- 煉乳……5g

事前準備

a 隔夜優格中種的材料全部攪打均勻後，封緊置於冷藏約8至12小時，這個步驟想用攪拌機、麵包機或是手揉都可以。

b 蔓越莓乾泡熱水後瀝乾，與其他餡料材料混合備用。

c 烤箱預熱上火180℃／下火180℃

a

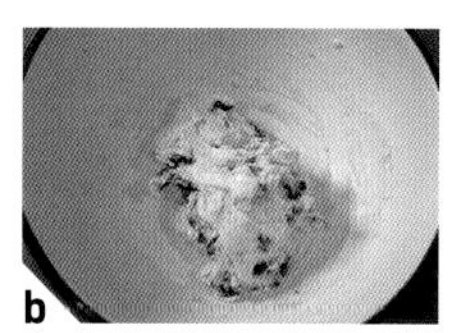
b

How to make

01

直接將材料依序放入麵包機：鹽、砂糖、水、全部的中種切塊、高筋麵粉，中間挖個小洞，放入速發酵母埋起來，啟動攪拌功能。成團後即可加入無鹽奶油，打至完全擴展。

02

基礎發酵15分鐘。將麵團分成6等份。

03

滾圓後鬆弛15分鐘。

04

將麵團拍平排氣後擀開。

05

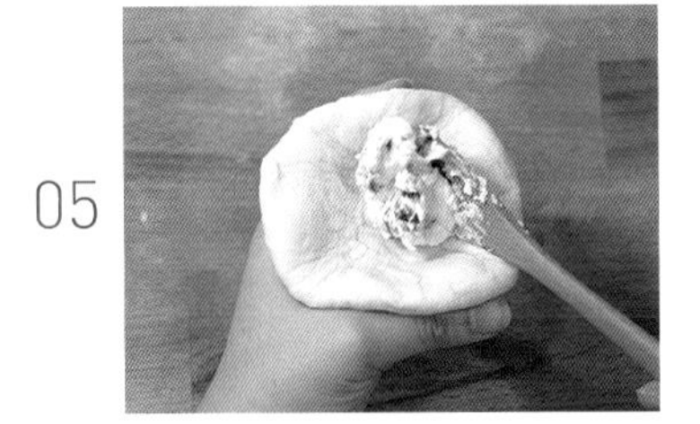

麵團置於弧口處，放入餡料。一顆約包入20g。

06

將四周收口。

07

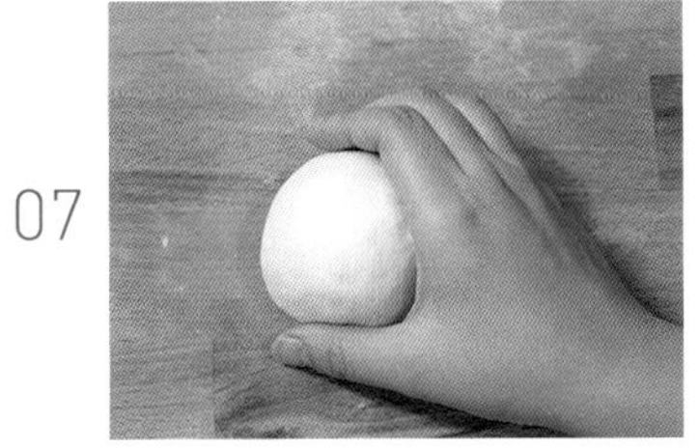

收口朝下稍微滾圓即可，依此方式完成剩下5顆麵團。

Tips 收口的接縫要確實收緊。

08

將麵團收口朝下擺放於烤盤上。

09

於溫暖密閉的空間進行二次發酵50分鐘，入爐前撒上高筋麵粉。

Tips 建議使用小網篩，會比較均勻。

10

以剪刀於麵團上剪開一道。

11

下方再延長剪開一道。

12

再往兩側各剪一道，開口成為一個十字型。

13

以此方式完成剩下5顆麵團。

14

烘烤 18分鐘即可出爐。

扣重計量法

將餡料盆放於磅秤上，歸零後，等等就可以以「扣重」的方式知道舀了多少餡料，不用另外分餡了。

百萬網友力推的驚艷口感，你一定要試試看！

14 超軟Q香蒜麵包 隔夜優格中種

Tenderly Chewy Garlic bread

身為香蒜麵包的狂熱份子，我試過了很多食譜但好像都不太對家人的胃，後來因為工作時間的擠壓，我開始常用「隔夜優格中種」的做法來做麵包，不僅省了一些時間，成品更佳保濕軟Q，我們家非常喜歡這個口感呢！

材料 （約6顆）

隔夜優格中種

高筋麵粉……170g
冰無糖優格……53g
冰牛奶……59g
速發酵母……1.5g

主麵團

高筋麵粉……76.5g
法國老麵……79g
（見下述作法）
水……34.5g
鹽……3g
細砂糖……29.5g
無鹽奶油……24g
速發酵母……1.5g
帕瑪森起司粉……適量

香蒜醬

新鮮大蒜……3-4大瓣
無鹽奶油……25g
鹽……少許
義式香料……少許

法國老麵（可用兩次的份量）

法國麵粉CDC……96g
麥芽精……0.4g
水……67g
鹽……1.6g
速發酵母……1.2g

事前準備

a 隔夜優格中種的材料全部攪打均勻後，封緊置於冷藏約8至12小時，這個步驟想用攪拌機、麵包機或是手揉都可以。

b 法國老麵攪拌均勻後，放置冷藏至少12小時後即可使用，封緊可冷藏保存2～3天。

c 無鹽奶油常溫軟化後，與其他材料混合，放入擠花袋備用。

d 烤箱預熱上火180℃／下火180℃

How to make

01 將中種切成小塊狀。

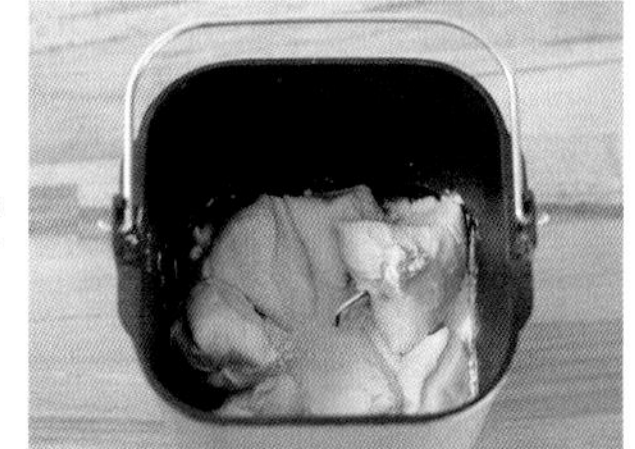

02 我習慣使用麵包機製作，這邊就直接將材料依序放入麵包機：鹽、砂糖、水、全部的中種、法國老麵、高筋麵粉，中間挖個小洞，放入速發酵母埋起來，啓動攪拌功能。

03 成團後即可加入無鹽奶油，打至完全擴展。

04

基礎發酵15分鐘。

05

將麵團分成6等份，滾圓後鬆弛15分鐘。

06

共完成6顆。

07

將麵團拍平排氣後擀開。

08

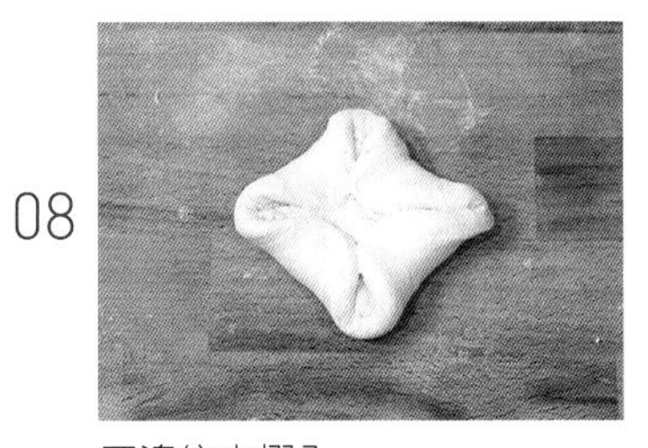

四邊往內摺入。

09

上下兩端往內摺入。

10

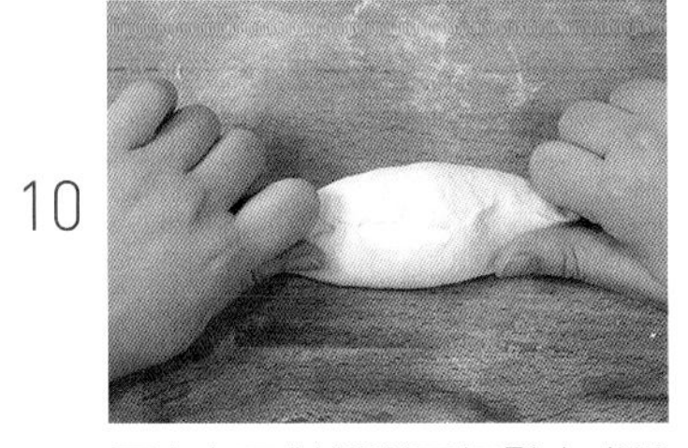

再次上下對摺即可輕鬆完成橄欖狀的麵團。

 **收口的接縫要確實收緊。**

11

將麵團收口朝下擺放，繼續完成剩下五顆麵團。

12

於溫暖密閉的空間進行二次發酵50分鐘。

13

麵團上噴點水，撒上帕瑪森起司粉。

14

以割紋刀劃開麵包中線處。

15

擠上少許香蒜醬，入爐烘烤3分鐘，使麵包割線先打開一些，等等才不會讓香蒜醬流光光。

16 快速拉出烤盤，於打開的割線處再次擠上香蒜醬。

Tips **盡量不要讓麵包離開烤箱太久，所以動作要快一點唷！**

17

續烤17分鐘即可出爐。

超有飽足感的熱狗麵包當早餐也超讚

15 德國香腸麵包

隔夜優格中種

Sausage Bread

材料（約4顆）

隔夜優格中種
高筋麵粉……120g
冰無糖優格……37.5g
冰牛奶……42g
速發酵母……1g

主麵團
高筋麵粉……55g
水……25g
鹽……2g
細砂糖……20g
法國老麵……56g
（見右側作法）
無鹽奶油……18g
速發酵母……1g

德國香腸……4根

法國老麵
（可用兩次的份量）
法國麵粉CDC……70g
麥芽精……0.2g
水……48g
鹽……1g
速發酵母……0.8g

早餐時間超趕，完全不想花時間煎肉片來夾麵包嗎？那就把好吃的德國香腸包在裡面吧！針對這款食譜，我比較建議選用德國香腸來製作，除了粗細適宜之外，薄脆的腸衣也讓口感更加提升，如果喜歡還能選擇蒜味或是黑胡椒口味的唷！

事前準備

- 法國老麵材料全部拌勻後，冷藏12小時後即可使用，封緊冷藏可保存2~3天。
- 隔夜優格中種的材料全部攪打均勻後，封緊置於冷藏約8至12小時，這個步驟想用攪拌機、麵包機或是手揉都可以。
- 烤箱預熱上火180℃／下火180℃

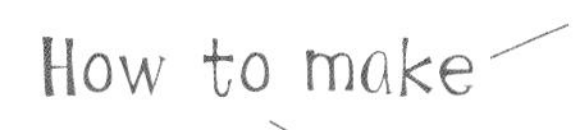

01

就直接將材料依序放入麵包機：鹽、砂糖、水、法國老麵、全部的中種切塊、高筋麵粉，中間挖個小洞，放入速發酵母埋起來，啟動攪拌功能。

02 成團後即可加入無鹽奶油，打至完全擴展。

03

基礎發酵15分鐘。

04

將麵團分成四等份。

05

滾圓後鬆弛15分鐘。

06

將團拍平排氣後擀開。

07

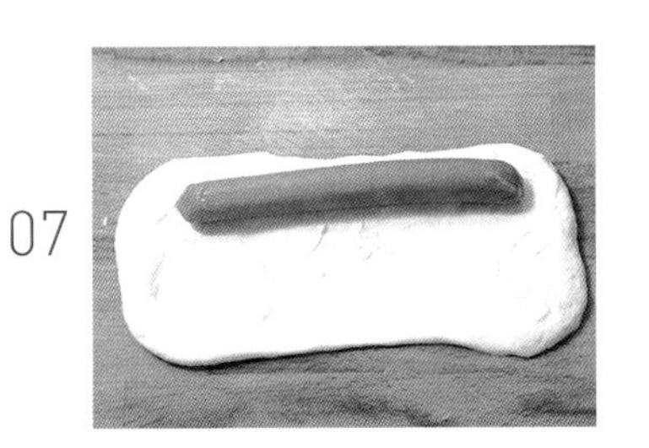

麵團翻面後，放上德國香腸。

Tips 接觸擀麵棍的那一側為正面，等等要讓正面在外側，所以需要先翻面唷！

08

麵團向下包覆德國香腸。

09

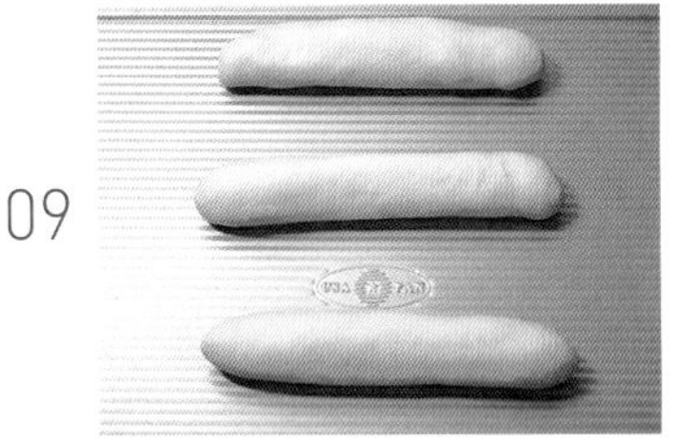

將麵團收口收緊，並向下擺放。

10

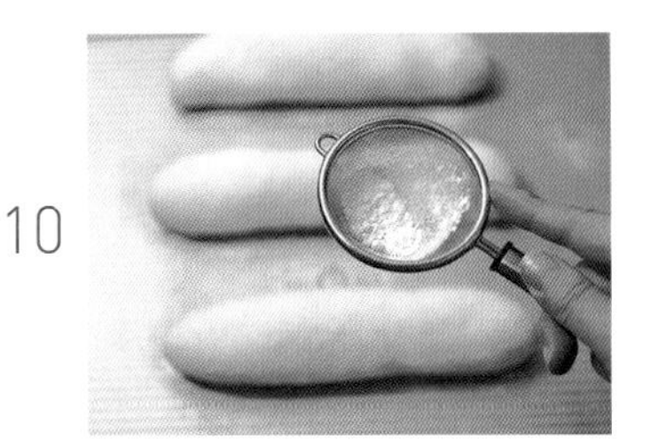

於溫暖密閉的空間進行二次發酵50分鐘，入爐前撒上高筋麵粉。

11

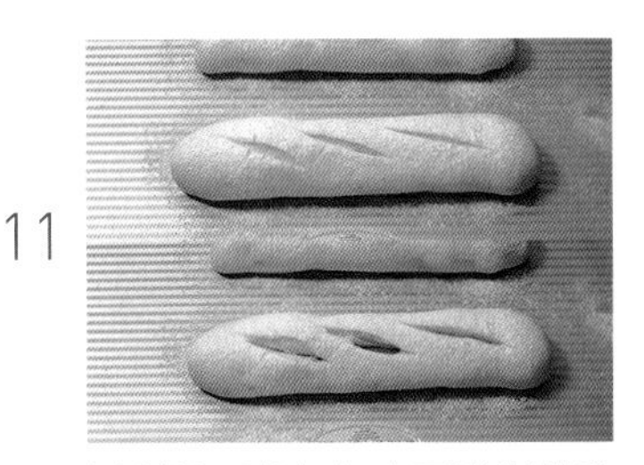

以割紋刀於麵包表面畫出幾道紋路。

Tips 露出包覆的熱狗OK唷！

12

烘烤18分鐘即可出爐。

蜂蜜優格軟吐司

不用再抉擇到底要吃蛋糕還是吃吐司了，快做做看這款吐司，許多傳統麵包店裡都可以見到這款吐司的身影，也是我非常喜歡的早餐！切下厚厚一片，放入烤箱烤個5分鐘，鬆軟的吐司跟微溫的蛋糕真是絕配啊！

可可蛋糕吐司

隔夜優格中種

淡淡的蜂蜜香氣揉入吐司中實在太迷人

16 蜂蜜優格軟吐司

Honey Yogurt Soft Bread

蜂蜜具有獨特的香氣，是我超喜歡的食材，尤其是吐司！！只要加入一些，每一口都能嚼得到蜂蜜香，有機會一定要試試看！

材料（約12兩吐司一條）

隔夜優格中種

高筋麵粉 ·············· 182g
冰無糖優格 ············· 56g
冰牛奶 ··············· 62.5g
速發酵母 ·············· 1.5g

主麵團

高筋麵粉 ·············· 78g
水 ···················· 65g
鹽 ···················· 3g
細砂糖 ··············· 31.2g
蜂蜜 ·················· 15
無鹽奶油 ·············· 26g
速發酵母 ·············· 1.5g

事前準備

- 隔夜優格中種的材料全部攪打均勻後，封緊置於冷藏約8至12小時，這個步驟想用攪拌機、麵包機或是手揉都可以。
- 烤箱預熱上火210°C / 下火200°C

How to make

01

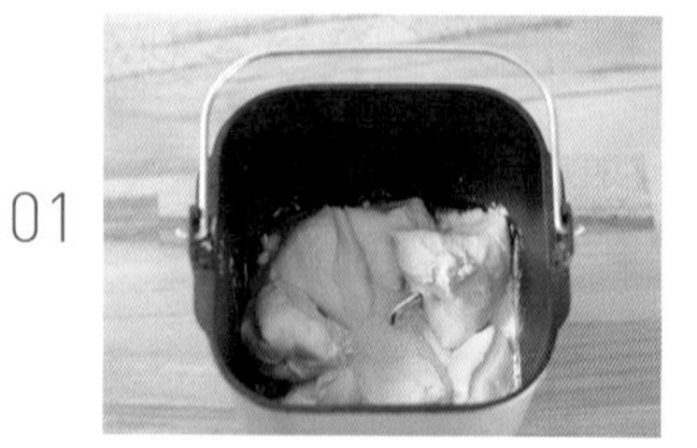

就直接將材料依序放入麵包機：鹽、砂糖、水、蜂蜜、全部的中種切塊、高筋麵粉，中間挖個小洞，放入速發酵母埋起來，啟動攪拌功能。

02

成團後即可加入無鹽奶油，打至完全擴展。

03

基礎發酵15分鐘。

04

將麵團分成兩等份，以摺圓的方式將麵團整圓。

05

鬆弛15分鐘後擀開。

06

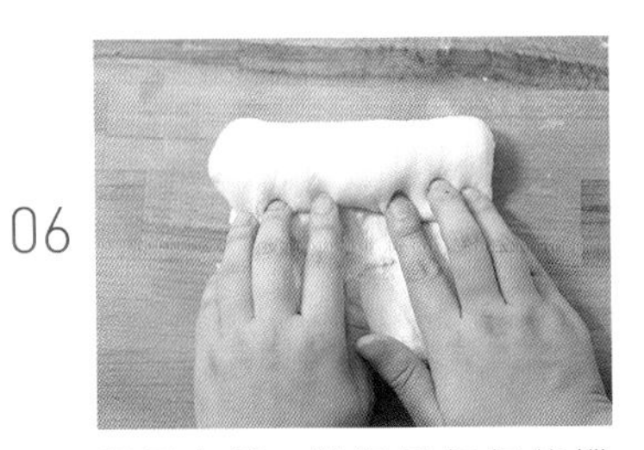

翻面之後，將麵團輕輕的捲起，再鬆弛15分鐘。

07

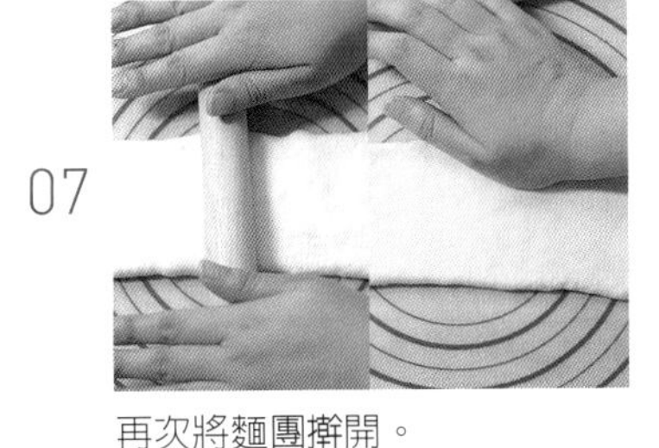

再次將麵團擀開。

Tips 擀開的過程中難免有氣泡被推到角落，以手掌拍除即可，也能避免吐司剖面有泡泡喔。

08

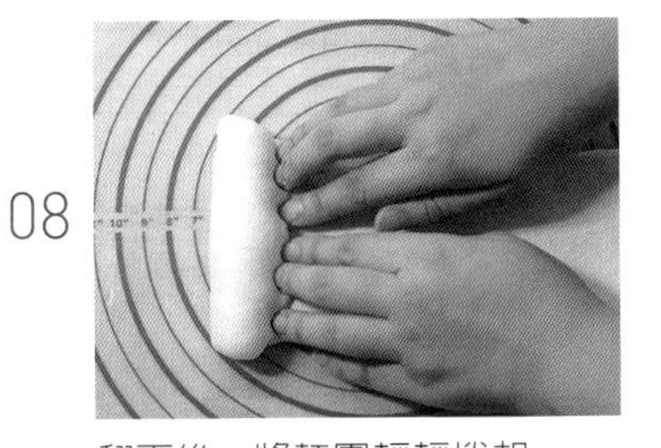

翻面後，將麵團輕輕捲起。

09

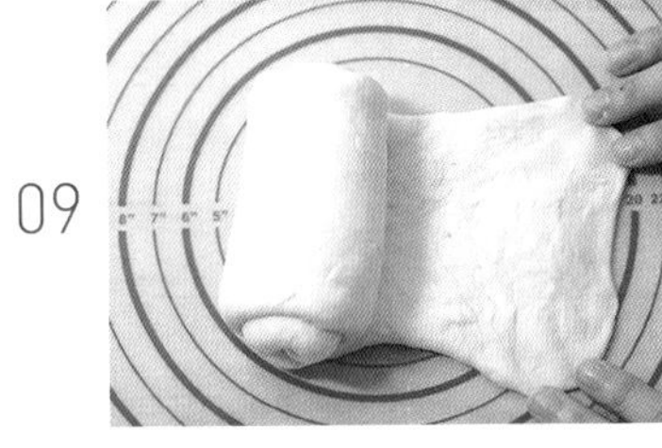

快到尾端時，稍微將麵團拉開伸展，讓麵團變薄。

10

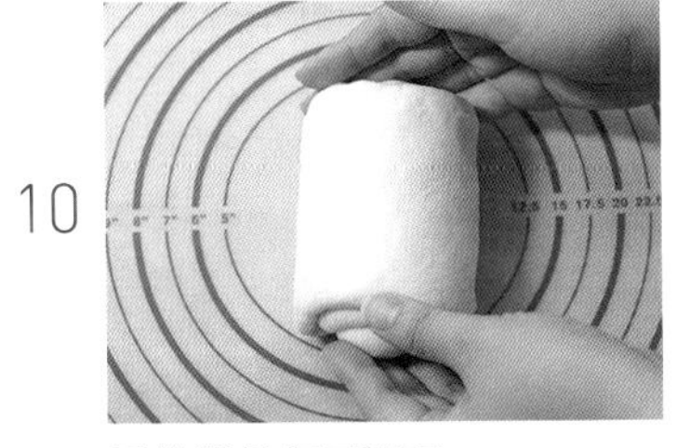

最後捲起收口朝下。

11

將側邊旋渦朝同一側，放入吐司模中。

12

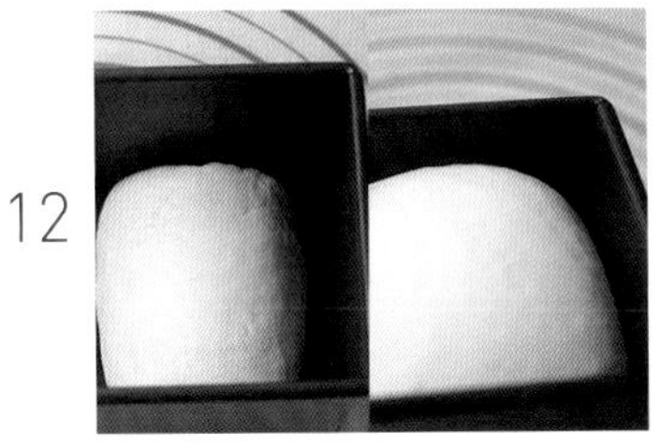

於溫暖密閉的空間進行二次發酵60至90分鐘。

Tips 不帶蓋吐司建議至少發到八分滿再入爐，成品的高度會比較美唷！

13

烘烤34分鐘即可出爐。

Tips 吐司側邊務必確認上色才可以出爐，不然很容易縮腰唷！

14 出爐後，記得重敲模型震出熱氣，並儘速將吐司脫模置涼。

Tips 剛烤好的吐司非常燙，不可以留在模型中置涼以免變形。

要怎麼看麵團是不是打好了呢？

用攪拌機或麵包機攪打時，可在時間結束前稍微暫停，割出少許麵團來確認是否可以拉出有彈性且光滑的薄膜狀，達到這個狀態即可停止攪拌，麵團若不夠光滑則可繼續進行攪打。

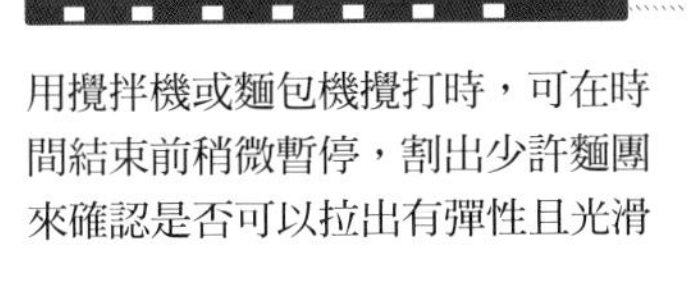

我的麵團怎麼摸起來溫溫的？

水份高的麵團攪拌比較不容易，更需要搭配不時刮鋼（以刮板刮除內鍋壁上的麵團），在操作這樣的麵團或是一些高油高糖的甜點麵團時，很容易不小心攪拌時間拉太長，造成麵糰溫度飆升，操作上務必特別注意，可以運用冰冷的環境（包含攪拌缸、麵粉等食材）來延緩升溫速度。

萬一真的不小心麵團的溫度超過27度，建議可省略基礎發酵，直接將麵團分割鬆弛，進行後續步驟，但下一次請特別注意溫度別再過高囉！

無法抉擇～那就放在一起吃吧

17 可可蛋糕吐司

White Pan Bread with Chocolate Cake Inside

材料 （12兩吐司 一條）

吐司麵團

高筋麵粉……160g
無糖優格……31.5g
牛奶……88g
速發酵母……1.5g
細砂糖……13g
無鹽奶油……12.5g
鹽……2g

蛋黃糊

低筋麵粉……50g
蛋黃……48g（約3顆）
細糖粉……3.5g
無糖可可粉……7g
液體油……30g
熱水……45g

蛋白霜

蛋白……110g（約3顆）
細砂糖……36g
檸檬汁……5g

事前準備

a 烤箱預熱上火190℃／下火180℃

b 吐司模中鋪上專用模型紙。

c 蛋糕材料中的細糖粉與可可粉混合後，先加一半的熱水調成糊，再加入剩餘的熱水攪勻備用。

d 低筋麵粉過篩兩次備用。

b

c

How to make

製作下層吐司

01

將材料依序放入麵包機：鹽、砂糖、牛奶、無糖優格、高筋麵粉，中間挖個小洞，放入速發酵母埋起來，啓動攪拌功能。成團後即可加入無鹽奶油，打至完全擴展。

02

基礎發酵50分鐘。

03

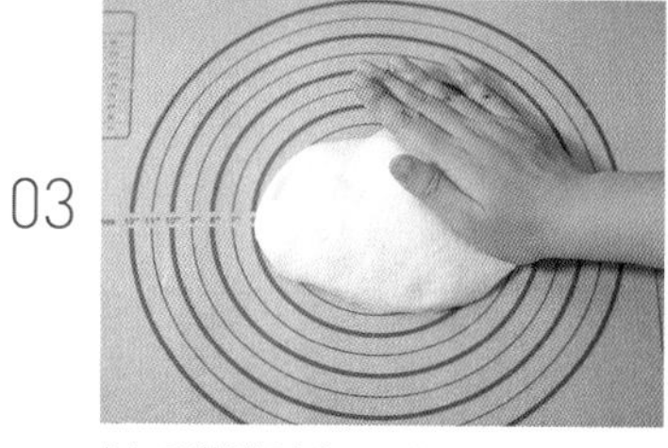

以手掌排除麵團中的氣體後。

04

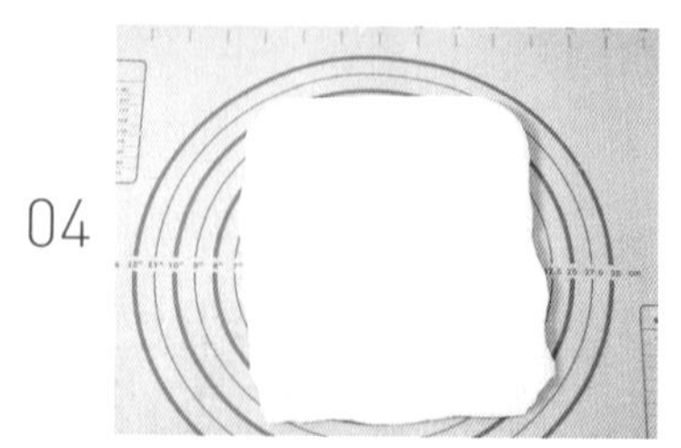

將麵團擀成長方形，並將麵團翻面。

Tips **寬度盡量與吐司模接近。**

05

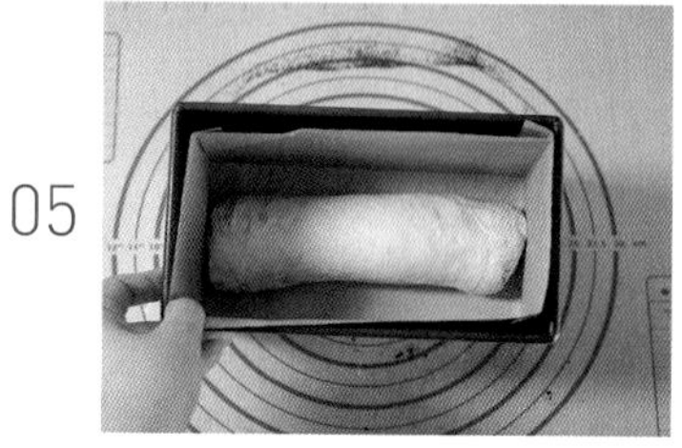

以雙手輕輕捲起麵團放入模型中，發酵 30分鐘，可自行評估時間提早開始製作蛋糕。

Tips **模型紙內層非不沾材質，吐司可能會不易脫模，可以於紙模底部墊上一張烘焙紙。**

製作上層蛋糕－蛋黃糊

06

將蛋黃與液體油放入鍋中攪拌均勻。

07

倒入調和好的可可糊。

08

攪拌均勻後再加入過篩後的低筋麵粉混合成蛋黃糊。

製作上層蛋糕－蛋白霜

09

以電動打蛋器將蛋白打至粗泡。

10

加入1/3的砂糖，以高速攪打，蛋白霜會變得細緻。

11

再加入1/3的砂糖，維持高速，蛋白霜會逐漸出現紋路。

12

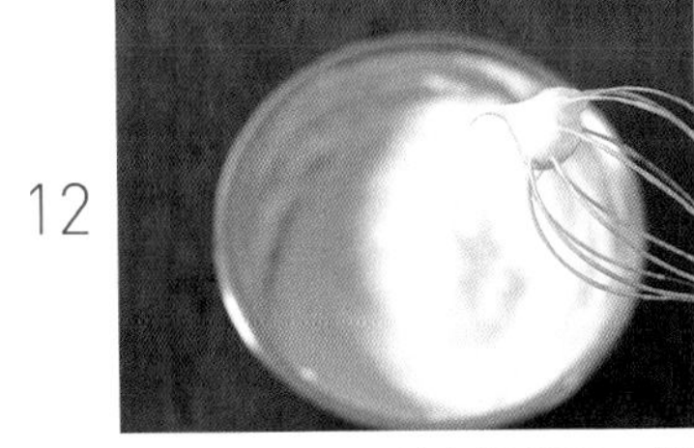

加入最後的砂糖與檸檬汁，將蛋白打至小彎鉤狀。快完成前轉低速消除大氣泡。

製作上層蛋糕－混合

13

將1/3的蛋白霜舀入蛋黃糊中拌勻。

14

再倒回蛋白霜中以打蛋器進行大面積攪拌。

15

換上刮刀以「井字」與「の字」的拌合方式拌勻。

16

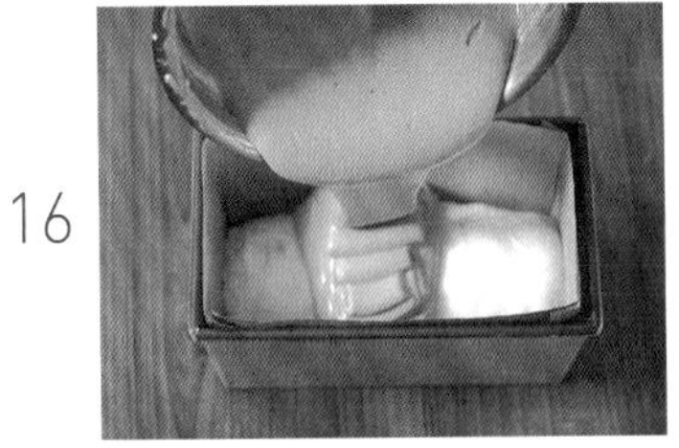

將蛋糕糊直接倒在發酵好的吐司麵團上。

Tips 由於吐司發酵需要時間，務必先確認吐司發酵狀況，再開始製作蛋糕糊，以免讓蛋糕糊長時間等待而消泡喔！

17

稍微敲出氣泡後，即可準備入爐。

18

上火190°C／下火180°C 烘烤9分鐘，於蛋糕上劃線，改上火180°C／下火180°C烤盤轉向再烤30分鐘即可出爐。

蜂蜜貝果

彩椒羅勒貝果

新手們！一定要先試試這個

18 蜂蜜貝果

Honey Bagels

很多年前我是個根本不愛吃貝果的人，覺得乾乾硬硬的，牙口不好的我實在不懂它的美味，一直到後來我試著製作家人喜歡的口感，才發現原來自己做的貝果可以這樣好吃，尤其是剛出爐的酥脆外皮，一點也不乾硬，燙麵後QQ的嚼感超級好吃耶！

材料 （6顆）

湯種 （可用兩次的份量）

麵粉 ····················36g
熱水 ····················36g

主麵團

高筋麵粉 ·············· 180g
法國麵粉CDC ········ 180g
蜂蜜 ····················22g
鹽 ······················5.5g
水 ······················197g
新鮮酵母 ··············6.5g

事前準備

- **a** 烤箱預熱上火220℃／下火200℃
- **b** 湯種混合均勻放涼備用。
- **c** 準備蜂蜜水備用，水1000g、蜂蜜10g（材料表外）。

b

How to make

01

將材料依序放入麵包機：湯種36g、鹽、蜂蜜、水、麵粉與酵母。

02

選擇攪拌模式，將麵團至光滑即可，不需要拉出薄膜。

03

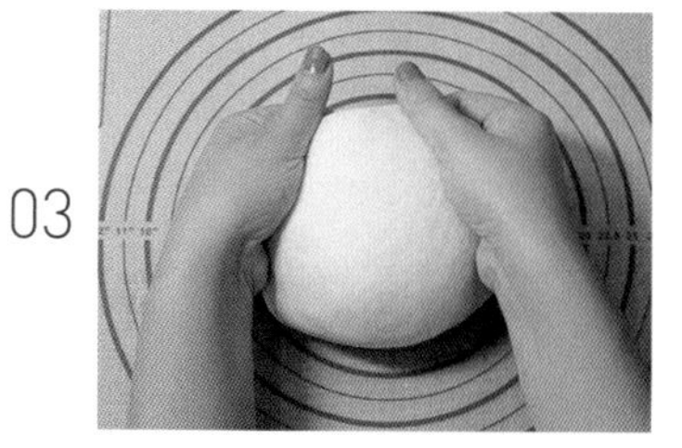

將麵團整理出圓滑面。

Tips **整圓是很重要的步驟，可幫助麵團發酵得更好。**

04

基礎發酵20分鐘，使麵團稍微發酵變大。

05

麵團分割為6等分後滾圓。

06

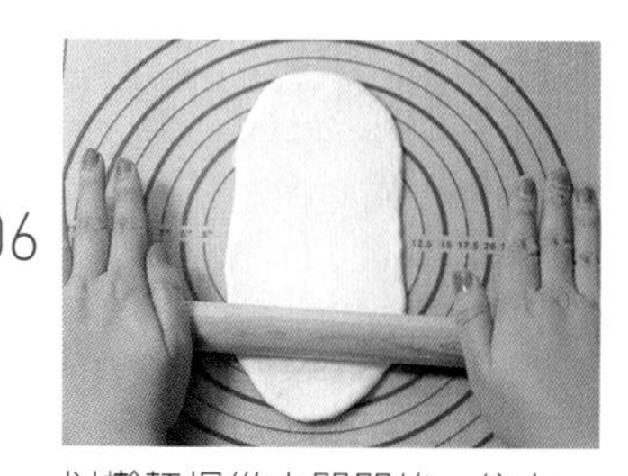

以擀麵棍從中間開始，往上、往下擀開。

07

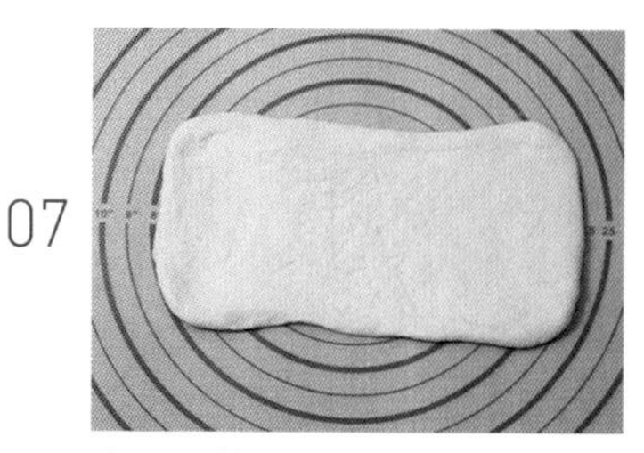

翻面後將麵團調整為長方形。

08

將麵團捲起。

09

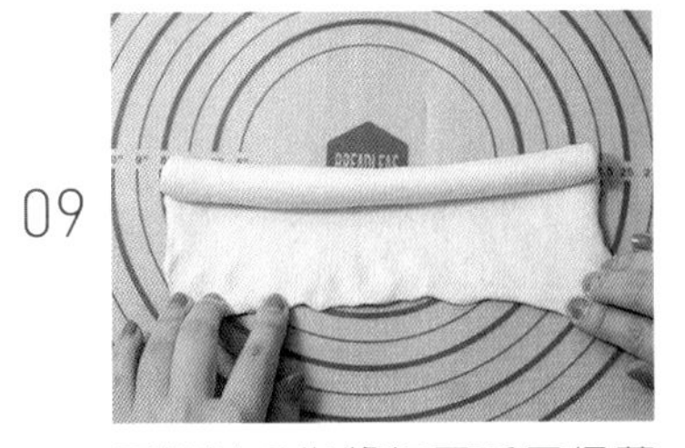

尾端以手指將麵團延展得薄一些。

10

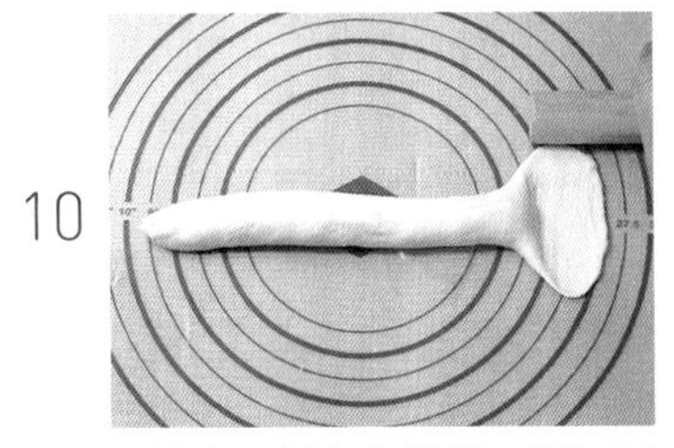

保持收口朝上的狀態，將麵團的其中一端擀開，另一端稍微搓細。

11

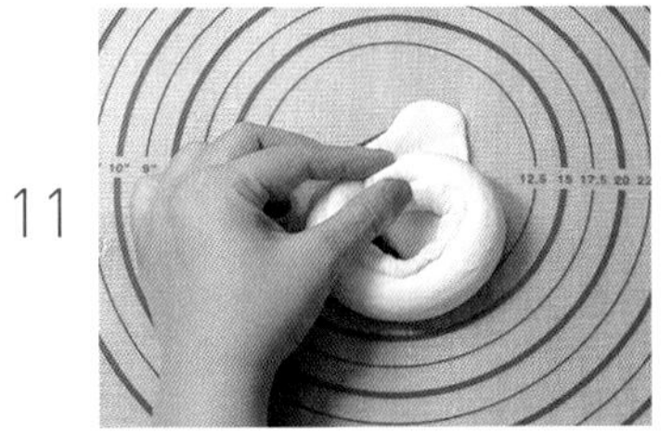

將另一端的麵團，繞一圈。

Tips 記得收口要保持在上方唷！

12

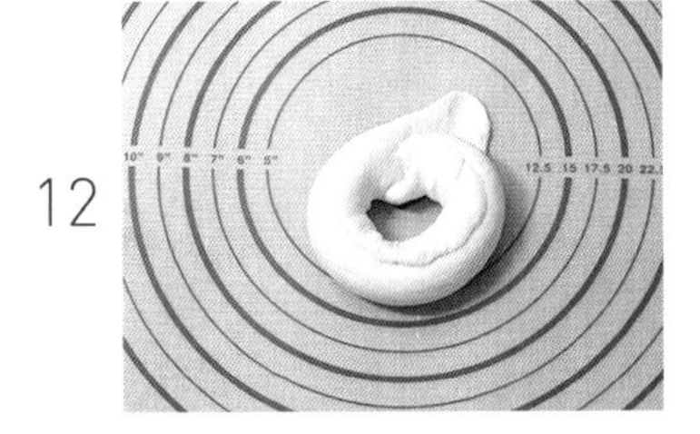

先包覆其中一側的收口。

13

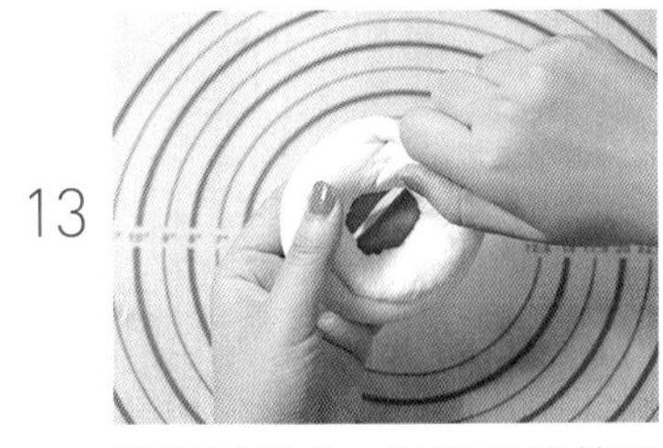

將收口捏合，以避免烤焙後爆開。

14

完成！依此方法完成剩餘5顆麵團。

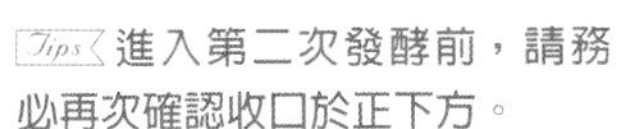

Tips 進入第二次發酵前，請務必再次確認收口於正下方。

15

將麵團置於烤盤上，進行第二次發酵30分鐘。

16

將蜂蜜水煮滾後，轉到最小火維持周圍冒泡泡的狀態進行燙麵。

17

先將貝果正面朝下放入鍋中，燙20秒後翻麵再20秒。

Tips 翻面的工具建議選用可瀝水的會較為便利。

18

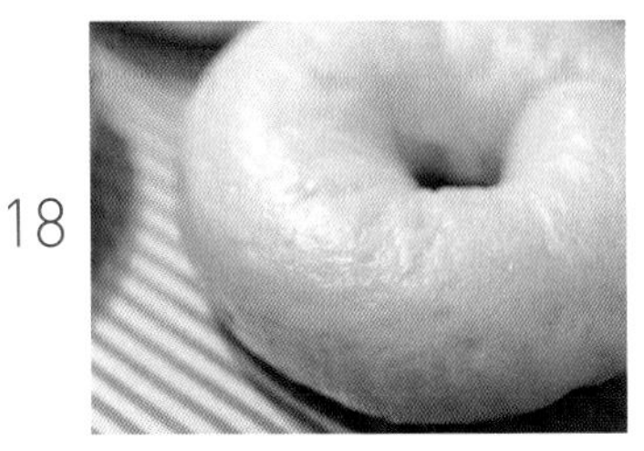

燙完的貝果表面會微皺是正常的，入爐後就會膨脹了。

19

上火220°C / 下火200°C 烘烤20分鐘即可。

Tips 中途可將烤盤轉向使烤色均勻。

為什麼我的貝果麵團擀不長，有時烤完側邊還會裂開呢？

滾圓時滾得太緊的麵團，很容易有鬆弛不完全的狀況，擀長的步驟也會變得比較吃力，需要將鬆弛時間拉長喔！同樣的，擀捲得太緊時，後發的時間也需要拉長，若後發不足或是烤溫過高時，都會容易造成貝果從側邊裂開的狀況。

來點義式風味吧！

19 彩椒羅勒貝果

Sweet Pepper and Basil Bagels

發現有越來越多人喜歡把貝果當成一餐的主食，不僅有飽足感更低油少糖，這次將蔬菜也偷偷地加進麵團中，羅勒的香氣讓整顆貝果吃起來有披薩的味道，配上簡單的濃湯與蔬果沙拉，就是很棒的早餐囉！

材料 （6顆）

高筋麵粉……………270g
低筋麵份………………90g
蜂蜜……………………22g
水……………………163g
鹽……………………5.5g
速發酵母……………3.6g
雙色甜椒…………共60g
羅勒葉…………適量切碎

事前準備

- 烤箱預熱上火220℃／下火200℃
- 將甜椒切丁備用。
- 準備一鍋蜂蜜水備用，水1000g、蜂蜜10g（材料表外）。

How to make

01

將材料依序放入麵包機：鹽、蜂蜜、水、麵粉與速發酵母粉，打至麵團光滑即可。

Tips 為了避免彩椒丁太細碎，於大致成團後，再放入彩椒丁混拌即可。

02

基礎發酵20分鐘。

03

麵團隨意分割4等份，以疊合夾入的方式將羅勒葉混入麵團。

04

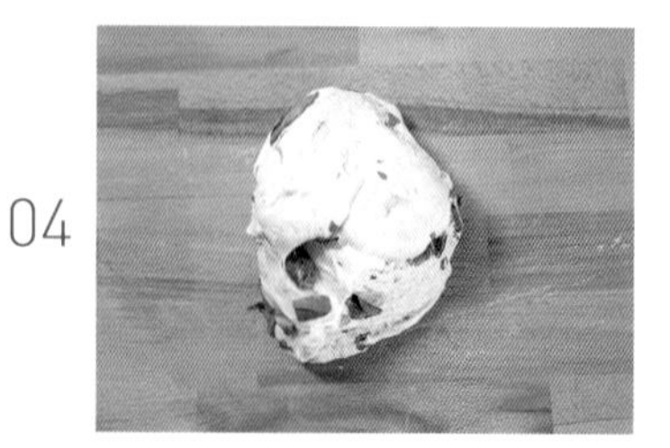

重複2~3次疊合後，將麵團整圓。

05

麵團分割為6等份滾圓。

06

將麵團擀開。

07

翻面後將麵團調整為長方形。

08

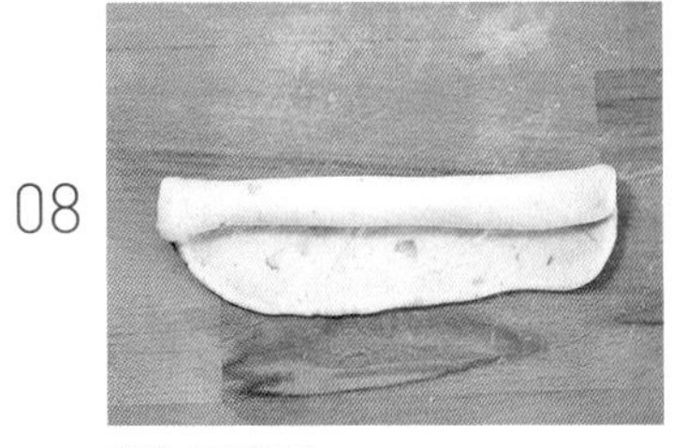

將麵團捲起。

09

尾端以手指將麵團延展得薄一些。

10

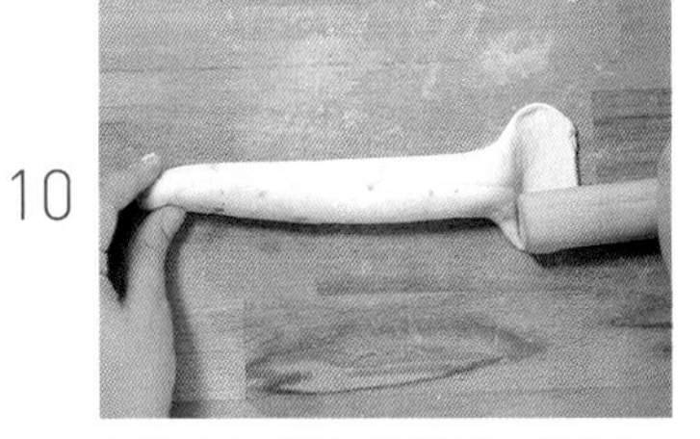

保持收口朝上的狀態，將麵團的其中一端擀開。

11

將另一端的麵團，繞一圈。

Tips 記得收口要保持在上方唷！

12

先包覆其中一側的收口。

13

將收口捏合，以避免烤焙後爆開。完成！依此方法完成剩餘五顆麵團。

14

將麵團置於烤盤上，進行第二次發酵30分鐘。

15

將蜂蜜水煮滾後，轉到最小火維持周圍冒泡泡的狀態進行燙麵。

16

先將貝果正面朝下放入鍋中，燙20秒後翻麵再20秒。

Tips 完成的貝果麵團應該是不黏手的狀態，所以可以輕鬆的放入鍋中不需墊烘焙紙，若為方便移動已放上烘焙紙，可連同紙張一起入鍋，另外夾出即可。

17

燙完的貝果表面會皺是正常的，入爐後就會膨脹了。

18

上火220°C / 下火200°C 烘烤20分鐘即可。

Tips 中途可將烤盤轉向使烤色均勻。

辣起司岩漿貝果

滿足一下吧！多放點辣椒起司

20 辣起司岩漿貝果

Chili Cheese Bagels

之前在美式賣場買過一款夾有辣椒的起司，淺黃的起司體中還可以看到許多辣椒皮，起司的濃郁奶香緩和了嗆辣，整體味道變得很有層次！單吃就很滿足，既然是自己要吃的，就別客氣～讓起司像岩漿般噴發吧！

材料（7顆）

高筋麵粉……350g
水……192g
二砂糖……21g
鹽……3g
速發酵母……3g

內餡

辣椒起司……105g
莫札瑞拉起司絲……140g

事前準備

a 烤箱預熱上火220℃／下火200℃

b 辣椒起司切丁備用。

c 準備一鍋蜂蜜水備用，水1000g 蜂蜜10g

How to make

01

將材料依序放入麵包機：鹽、二砂糖、水、高筋麵粉與酵母粉，打至光滑。

02

基礎發酵20分鐘。

03

將麵團分成七等份後，滾團。

04

以擀麵棍將麵團擀開。

05

翻面後將麵團調整為方型。

06

尾端以手指將麵團延展得薄一些。

07

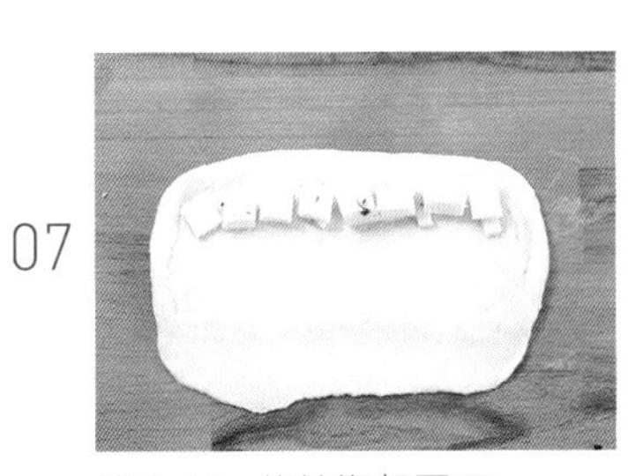

排入15g的辣椒起司丁。

08

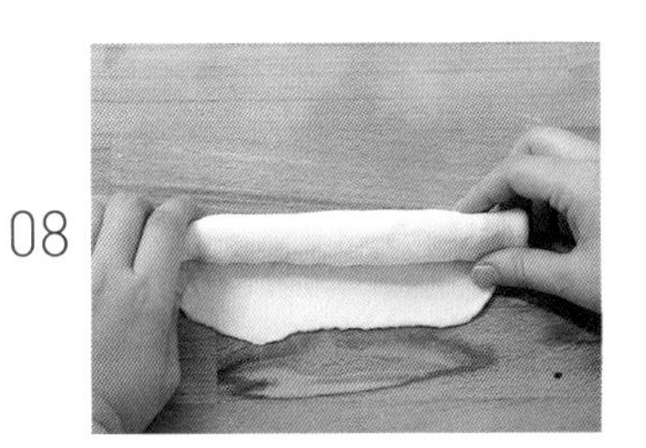

將麵團捲起。

09

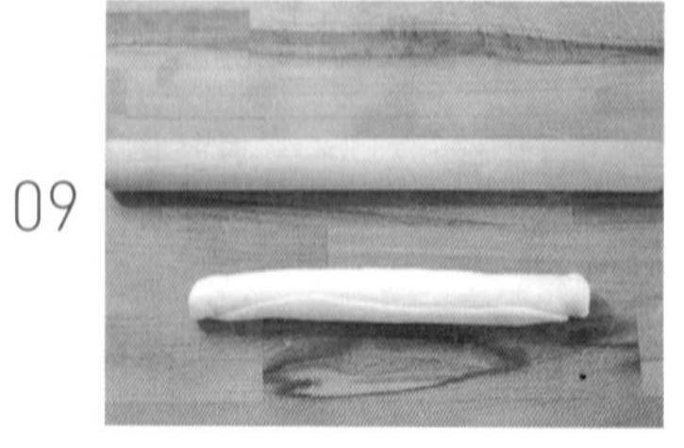

保持收尾朝上的狀態。

10

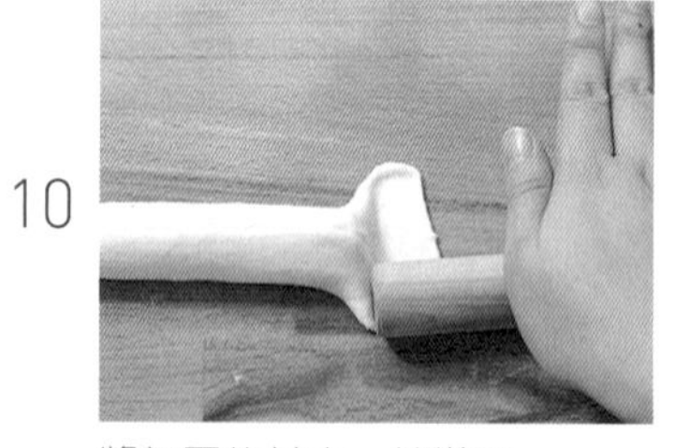

將麵團的其中一端擀開。

11

將另一端的麵團，繞一圈。

Tips 記得收口要保持在上方唷！

12

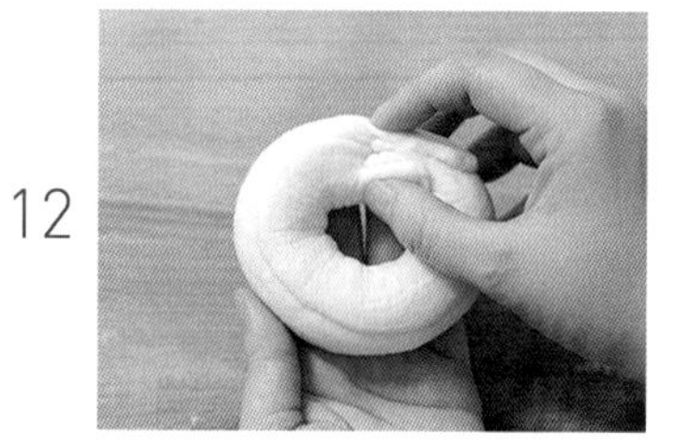

將收口捏合，以避免烤焙後爆開。

Tips 若想包入奶油乳酪，或是流動性強的起司，這個步驟更要確實捏合唷！

13

完成！依此方法完成剩餘六顆麵團。

14

將麵團置於烤盤上，進行第二次發酵30分鐘。

15

將蜂蜜水煮滾後，轉到最小火維持周圍冒泡泡的狀態進行燙麵，每一面燙20秒。

Tips 燙完的貝果表面會微皺是正常的，入爐後就會膨脹了。

16

入爐前撒上起司絲，每一顆貝果上面約放20g。

17

上火220℃ / 下火200℃烘烤20分鐘即可。

Tips 中途可將烤盤轉向使烤色均勻。

Chapter 3

{免訂位！我家就是私廚甜點店}

燙麵

只有微微甜的蛋糕讓人忍不住吃兩片

21 濃巧克力戚風

Chocolate Chiffon Cake

材料（17cm中空模）

蛋黃糊

低筋麵粉……………50g
溫牛奶………………45g
米歇爾可可粉…………15g
糖粉…………………5g
液體油………………35g
蛋黃…………………48g

蛋白霜

蛋白…………………130g
細砂糖………………45g
檸檬汁………………5g

裝飾

動物性鮮奶油A………70g
鈕扣70%苦甜巧克力
……………………55g
動物性鮮奶油B………55g
即食堅果……………適量

事前準備

- 將低筋麵粉過篩兩次。
- 可可粉與糖粉混合備用。
- 裝飾用的鮮奶油A單獨打發後，放冰箱冷藏備用。
- 烤箱預熱上火190°C／下火140°C

喜歡巧克力嗎？我想你一定會被這款蛋糕的味道迷倒，在原本濃郁的可可蛋糕體上再加上濃郁的甘納許，隨性裝飾少許綜合堅果，原本的巧克力風味變得更有層次了！

How to make

製作蛋黃糊

01

將液體油放入鍋中，以中小火加熱至出現油紋，即可加入可可糖粉攪勻。

Tips **熱油燙過的可可粉味道會更濃郁些，若鍋子看不見油紋，可加熱計時10～15秒後離火。**

02

加入過篩後的麵粉與溫牛奶。

03

再放入蛋黃，並攪拌均勻。

04

完成的蛋黃糊會是有光澤的樣子。

製作蛋白霜

05

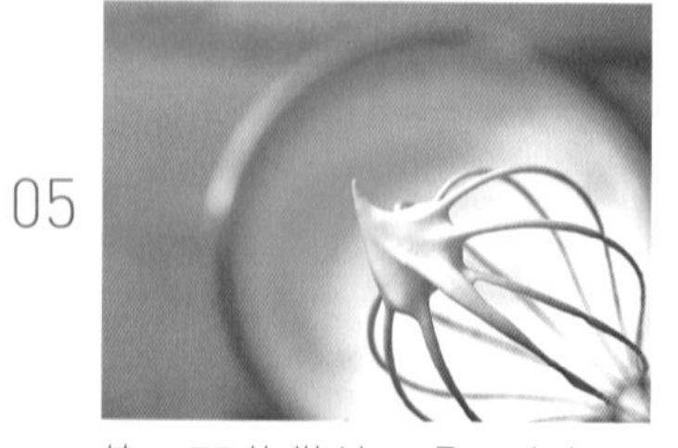

依p.75的做法，分三次加入細砂糖，以中速→高速→低速的方式打發蛋白至小彎勾。

Tips 最後一次加入細砂糖時，同時加入檸檬汁。

06

將1/3的蛋白霜舀入蛋黃糊中，以打蛋器攪拌均勻。

07

再換上刮刀翻拌。

08

倒回原本的蛋白霜盆中。

09

先以打蛋器進行大面積的「井字型混合」，再換上刮刀以「の字型」切拌均勻。

10

完成蛋糕糊即可倒入模型中。

11

將模型抬起摔至桌面上，震出大氣泡後，再以筷子或竹籤於模型中劃圈，消除小氣泡。

12

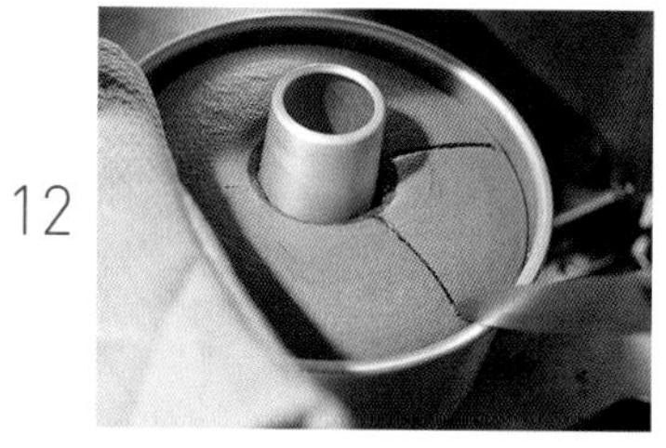

以上火190度/下火140℃，烘烤9分鐘後，於已結皮的蛋糕表面劃開紋路，再放回烤箱上火180℃/下火140℃續烤18分鐘，出爐須立即倒扣至完全降溫。

Tips 若喜歡隨興裂開的紋路，可跳過劃線的步驟。

脫模

13

以手掌輕壓蛋糕的周圍，使蛋糕體離開模型。

Tips 有烤透的蛋糕體會非常有彈性，輕壓並不會使蛋糕變形，請安心操作吧！

14

從底部將模型的中柱頂出周圍圓框。

15

沿著底部圓模同樣以手掌輕壓一圈。

16

中柱脫模的方式請如圖示握住模型，用力敲於桌上，有烤透的蛋糕會漂亮自動離模。

組合裝飾

17

將鮮奶油B與鈕扣巧克力放入鍋中隔水加熱。

18

完全融化後即可離開熱水備用。

19

將完成的甘納許與打至5分發的鮮奶油A混合。

20

將完成的巧克力淋醬直接淋於蛋糕上，再裝飾上喜歡的堅果即完成。

Tips 操作時也可以將蛋糕放於網架上，下方墊上烘焙紙，就不怕污損桌面了。

同場加映「模型的清洗」

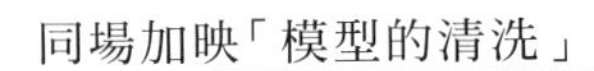

如果你超級討厭清洗戚風模型，
這個小步驟你一定要學起來～
先以刮板將脫模後的蛋糕皮刮除，
再進行清潔。
尤其是徒手脫模的模型，上面會有較多的蛋糕皮，一定要先刮除。

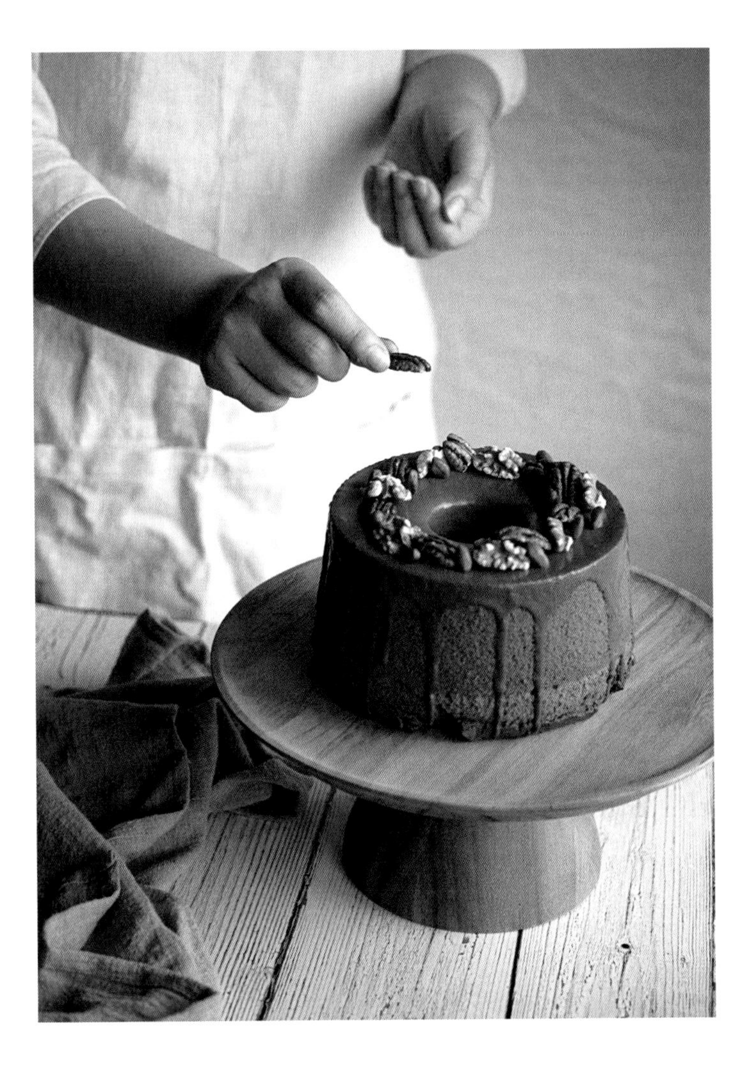

非燙麵

品嚐當季的甜蜜果實

22 洋梨戚風蛋糕

Pear Chiffon Cake

材料 （6吋平底模）

蛋黃糊

低筋麵粉……………55g
溫水……………38g
液體油……………30g
煉乳……………5g
蛋黃……………48g

蛋白霜

蛋白……………120g
細砂糖……………36g
檸檬汁……………3g

洋梨切丁……………60g
檸檬汁……………適量

裝飾

動物性鮮奶油……………150g
細砂糖……………15g
洋梨切大塊……………適量
（依喜好擺放）
檸檬汁……………適量

事前準備

- 將低筋麵粉過篩兩次。
- 西洋梨去皮後，60g切成1cm立方體的丁狀，其他另外再取適量切成塊狀，皆浸泡檸檬汁。

Tips **我喜歡直接享受水果的甜味，因此建議選用成熟的水果就直接省略糖煮的步驟了。**

- 裝飾用的鮮奶油與砂糖先打發備用。
- 烤箱預熱上火190℃／下火140℃

How to make

製作蛋黃糊

01

將蛋黃、液體油與煉乳放入鍋中，以打蛋器混合備用。

02

加入溫水混合均勻。

03

放入過篩後的低筋麵粉並以打蛋器攪勻，即完成淺色的蛋黃糊。

製作蛋白霜

04

以中速將蛋白打至粗泡狀後，加入1/3的砂糖。

05

轉高速攪拌，加入1/3的砂糖，此時泡沫會變得較為細緻。

有別於台灣大顆水梨的清甜感，西洋梨細緻的口感跟蛋糕可是好搭擋呢！你可以選用綠洋梨或紅洋梨，刨去外皮後，兩款的味道都很不錯，只要處理上特別注意氧化的問題就可以了，喜歡水果系列蛋糕的你，千萬要試試看！

06

再加入1/3的砂糖與檸檬汁，保持高速打至紋路變得明顯。

07

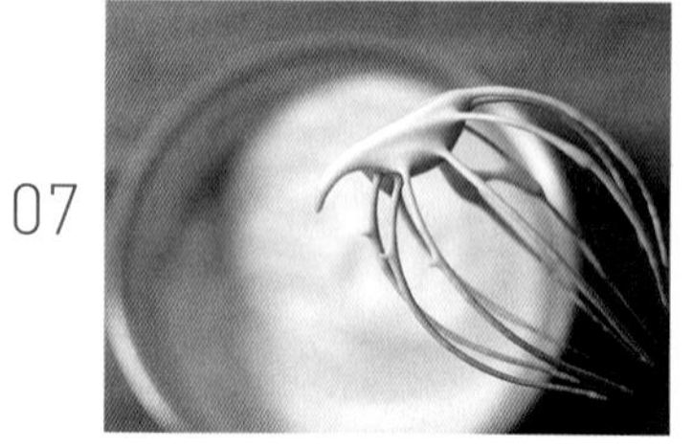

轉低速消除蛋白中不均勻的氣泡，最後的狀態是彎鉤狀。

08

將1/3的蛋白霜舀入蛋黃糊中攪勻。

09

再倒回原本的蛋白霜盆中。

10

先以打蛋器做大面積的混合。

11

再換上矽膠刮刀輕巧地將蛋糕糊拌勻。

12

將完成的蛋糕糊倒入模型中，輕摔2~3下以震出氣泡。

Tips 這邊使用的是有沾附力的「硬膜」，製作戚風蛋糕的模型不需要抹油或鋪紙唷！

13

將瀝乾的丁狀洋梨以紙巾擦乾，撒上薄薄一層高筋麵粉。

Tips 擦乾與高筋麵粉可有效防止水果沉底與蛋糕體空洞，這個步驟不可以省略唷！

14

將洋梨撒於蛋糕上方。

15

輕撥蛋糕糊，使露出的洋梨表面也覆蓋蛋糕糊。

16

以上火190度/下火140°C，烘烤9分鐘後，於已結皮的蛋糕表面劃開紋路，再放回烤箱續烤18分鐘，上火180°C/下火150°C，烤5分鐘。

Tips 若喜歡隨興裂開的紋路，可跳過劃線的步驟。

脫模

17

倒扣至全涼即可脫模，以手掌輕壓蛋糕周圍。

18

以手指從下方將蛋糕頂出模型。

19

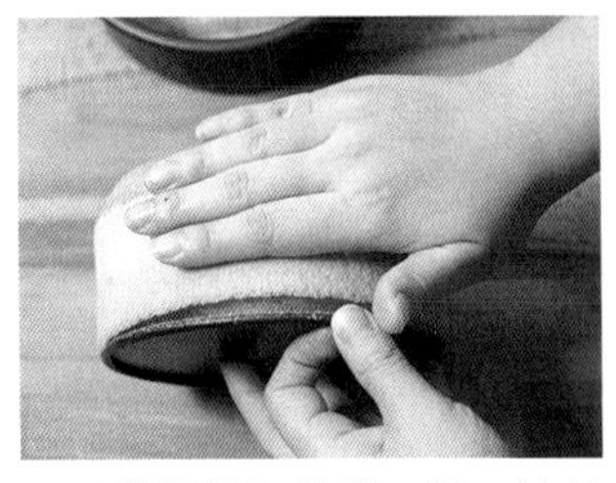

以手掌輕撥蛋糕體一圈，使其與底版分離。

20

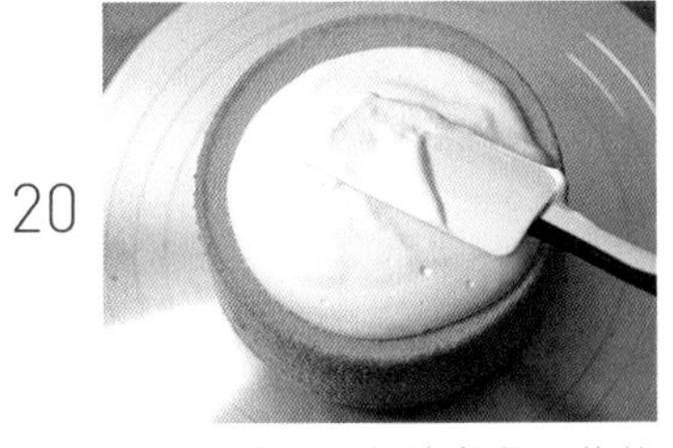

於蛋糕體先放上稍微多一些的鮮奶油。

21

再以抹刀與刮板輔助，將蛋糕抹平。

Tips **抹蛋糕時，需注意不要刮到蛋糕表皮，以免接下來抹面時很容易有蛋糕屑。也可另取一個小碗裝抹下來的鮮奶油，較不會污染原本的鮮奶油鋼盆。**

22

多餘的鮮奶油就放入擠花袋中，並裝上喜歡的花嘴。

23

依個人喜好進行裝飾，再將切塊的洋梨瀝乾，以紙巾擦乾後放上蛋糕。

Tips **若沒有要立刻享用，建議抹上果膠，才能保護水果唷！**

非燙麵

大人、小孩獨享都剛剛好

23 草莓迷你小戚風

Mini Chiffon Cake with Strawberry

材料 （4吋平底模×2）

蛋黃糊

低筋麵粉……………60g
溫水…………………38g
液體油………………30g
蛋黃…………………48g
細砂糖………………5g
蜜漬橙片……………25g

蛋白霜

蛋白…………………120g
細砂糖………………36g
檸檬汁………………3g

裝飾

動物性鮮奶油………150g
蜂蜜…………………12g
草莓…………………數顆
香蕉…………………1根

How to make

事前準備

- **a** 將低筋麵粉過篩兩次。
- **b** 裝飾用的鮮奶油與蜂蜜先打發備用。
- **c** 將蜜漬橙片剪成細碎狀，使用前再撒上薄薄地高筋麵粉。
- **d** 烤箱預熱上火190℃／下火140℃

c

製作蛋黃糊

01 將蛋黃、液體油與細砂糖放入鍋中，以打蛋器混合備用。加入溫水混合均勻。

02 加入過篩後的低筋麵粉並以打蛋器攪勻，即完成蛋黃糊。

製作蛋白霜

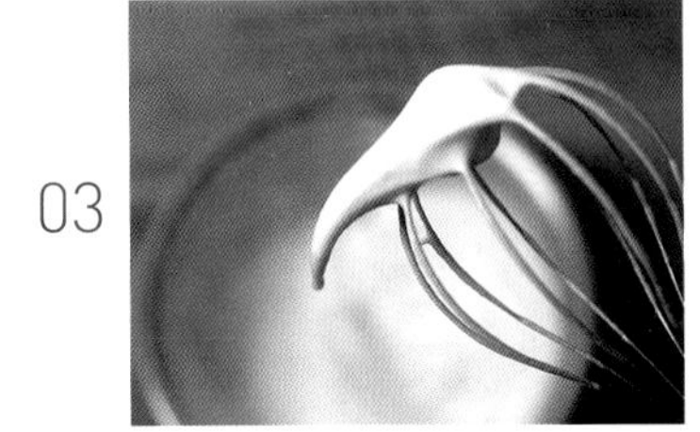

03 將細砂糖分成三次加入，以中速→高速→低速的方式將蛋白打至彎鉤狀。

04 將1/3的蛋白霜舀入蛋黃糊中攪勻。

05 再倒回原本的蛋白霜盆中，先以打蛋器做大面積的混合。

最近對於這種小尺寸的蛋糕特別著迷，別看他小小的份量，加上夾層與水果，兩個人吃剛剛好，對小朋友來說，無論是想自己裝飾或享用都比較容易。既然是草莓的季節，那一定要讓這個小朋友也超喜歡的水果登場囉！

06

撒上蜜漬橙片碎後，再換上矽膠刮刀輕巧地將蛋糕糊拌勻。

Tips **刮刀翻拌的動作如圖示：**

a 先以刮刀垂直劃開蛋糕糊。

b 從下方往左側撈起蛋糕糊。

c 劃過右側，彷彿寫一個日文的「の」字。

d 可明顯的看到下方的蛋糕糊被往上翻，需要確實拌勻才可以。

a

b

c

d

07

將完成的蛋糕糊倒入模型中，輕摔2~3下以震出氣泡。

Tips **這邊使用的是有沾附力的「陽極膜」，製作戚風蛋糕的模型不需要抹油或鋪紙唷！**

08

以上火190℃／下火140℃，烘烤8分鐘後，於已結皮的蛋糕表面劃開紋路，再放回烤箱續烤15分鐘，上火180℃／下火140℃，烤3分鐘。

Tips **若喜歡隨興裂開的紋路，可跳過劃線的步驟。**

脫模

09

倒扣至全涼即可脫模，以手掌輕壓蛋糕周圍。

10

以手指從下方將蛋糕頂出模型。

11

以手掌輕撥蛋糕體一圈，使其與底版分離。

12

將不平整的蛋糕頂部切除後，蛋糕體切成三等份。

13

將草莓洗淨後切片，香蕉去皮後同樣切片備用。

14

於蛋糕底層表面抹上打發的鮮奶油，再放上草莓切片。

15

蓋上一層鮮奶油後，再疊上第二層蛋糕體。

16

抹上鮮奶油後，再疊上香蕉切片。

17

蓋上鮮奶油後，疊上最後一層蛋糕片。

18

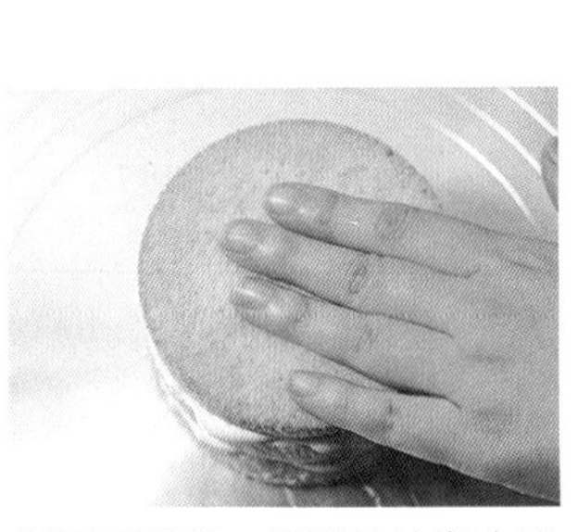

輕壓蛋糕體，使鮮奶油與水果間更加密合。

19

表層抹上稍多的鮮奶油，再以刮刀與刮板輔助，將蛋糕抹平。

20

以小湯匙背面沾取少許鮮奶油進行隨性裝飾。

21

將剩餘的草莓切片裝飾於蛋糕側邊。

22

依喜好裝飾蛋糕即完成。

Tips **若沒有要立刻享用，建議抹上果膠，才能保護水果唷！**

漫步在濃郁的秋季氛圍

24 香柚蜜戚風 非燙麵

Chiffon Cake with Yuzu Layer

雖說柚子醬好像是一年四季都很容易取得的食材，但我總在中秋節前後特別的想念這個味道，不同於柑橘類的香氣，柚子的味道非常強烈、特殊，只要加一些些，就能為戚風帶來很棒的香氣，柚子控們！這款請搶先收入口袋！

材料

（14cm加高中空模，約6吋）

蛋黃糊

低筋麵粉……50g
溫水……15g
柚子醬……30g
液體油……35g
蛋黃……48g

蛋白霜

蛋白……120g
細砂糖……36g
檸檬汁……3g

夾餡

馬斯卡邦乳酪……60g
柚子醬……30g
煉乳……8g

裝飾

鮮奶油……150g
細砂糖……13g

事前準備

- 將低筋麵粉過篩兩次。
- 烤箱預熱上火190℃／下火140℃

How to make

製作蛋黃糊

01

蛋黃與液體油放入鍋中，以打蛋器打均勻。

02

加入溫熱的水。

03

放入柚子醬並以打蛋器攪勻。

04

將過篩後的低筋麵粉加入拌合均勻。

製作蛋白霜

05

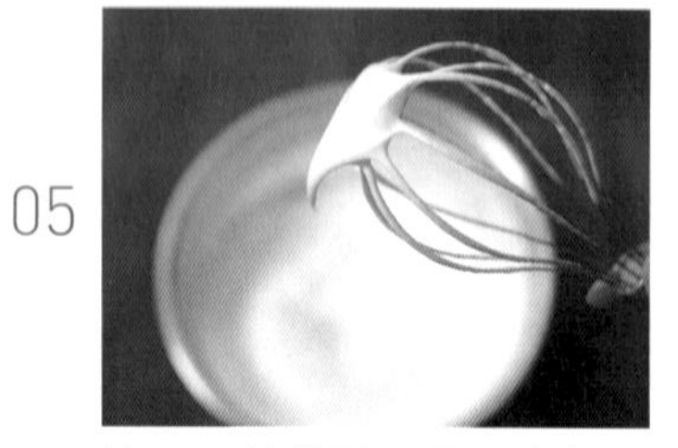

依p.75的做法，分三次加入細砂糖，以中速→高速→低速的方式打發蛋白至小彎勾。

Tips 最後一次加入細砂糖時，同時加入檸檬汁。

06

將1/3的蛋白霜舀入蛋黃糊中，攪拌均勻。

07

再倒回原本的蛋白霜盆中。

08

先以打蛋器進行大面積的「井字型混合」，再換上刮刀切拌均勻。

09

完成蛋糕糊即可倒入模型中。

Tips 這邊使用的是活底中空模型（蛋糕可沾黏附著於模型藉以向上膨脹），因此戚風蛋糕的模型不需要抹油或鋪烘焙紙，才能有高高的蛋糕體唷！

10

將模型抬起摔至桌面上，震出大氣泡後，再以筷子或竹籤於模型中劃圈，消除小氣泡。

11

以上火190度/下火140℃，烘烤9分鐘後，於已結皮的蛋糕表面劃開紋路，再放回烤箱上火180℃/下火140℃續烤18分鐘。

Tips 若喜歡隨興裂開的紋路，可跳過劃線的步驟。

脫模

12

倒扣至全涼後，以手掌輕壓蛋糕周圍，使蛋糕體離開模型。

Tips 有烤透的蛋糕體會非常有彈性，輕壓並不會使蛋糕變形，請安心操作吧！

13

從底部將模型的中柱頂出周圍圓框。

14

沿著底部圓模同樣以手掌輕壓一圈。

15

中柱脫模的方式請如圖示握住模型，用力敲於桌上，有烤透的蛋糕會漂亮自動離模。

16

完成脫模。

組合裝飾

17

裝飾用的鮮奶油加入細砂糖打發。

18

將西點刀的兩端裝上切片工具，並選擇需要的高度，先切出第一層。

Tips 自家享用時，我通常不會特別切除有裂口的底層，比較上色的蛋糕皮非常好吃呢！

19

以相同的方式切開第二層，以來回的方式將蛋糕切成兩半。

20

完成三層切片非常平整的蛋糕。

21

夾餡的馬斯卡邦乳酪常溫軟化後，與其他材料混合即可。

22

抹上蛋糕表面。

23

疊上另一層蛋糕。以同樣的做法再疊一層，並輕壓固定。

24

於蛋糕表面先鋪上一層比較多的鮮奶油。

25

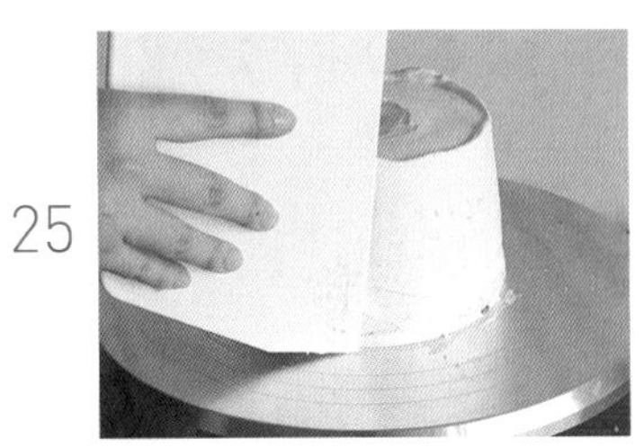

側邊運用刮板輔助抹平。

26

以抹刀修飾細節。

27

未用完的鮮奶油可依喜好裝飾即完成。

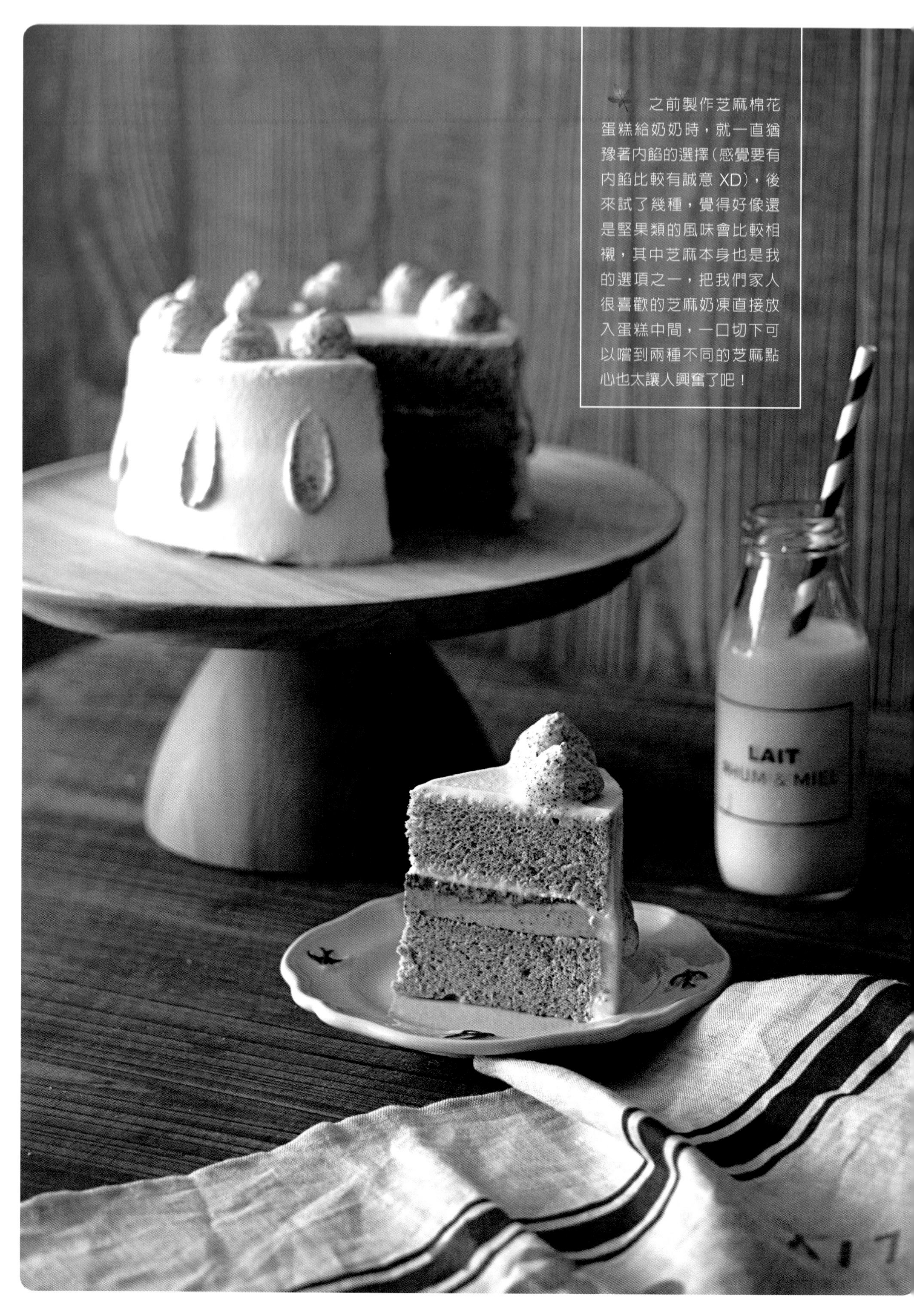

之前製作芝麻棉花蛋糕給奶奶時，就一直猶豫著內餡的選擇(感覺要有內餡比較有誠意 XD)，後來試了幾種，覺得好像還是堅果類的風味會比較相襯，其中芝麻本身也是我的選項之一，把我們家人很喜歡的芝麻奶凍直接放入蛋糕中間，一口切下可以嚐到兩種不同的芝麻點心也太讓人興奮了吧！

兩種不同的口感享受

25 芝麻奶凍戚風 非燙麵

Sesame Chiffon Cake with Sesame Panna Cotta Layer

材料 （6吋平底模）

蛋黃糊

低筋麵粉……………50g
溫牛奶……………53g
無糖芝麻粉…………15g
液體油……………30g
蛋黃……………48g
細砂糖……………5g

蛋白霜

蛋白……………120g
細砂糖……………40g
檸檬汁……………3g

芝麻奶凍

無糖芝麻醬…………30g
牛奶……………80g
動物性鮮奶油…………90g
細砂糖……………12g
吉利丁片……………2片

裝飾

鮮奶油……………150g
細砂糖……………12g
無糖芝麻粉…………少許

事前準備

- 將低筋麵粉過篩兩次。
- 芝麻奶凍中的吉利丁片先以冰水泡開。
- 烤箱預熱上火190°C / 下火140°C

How to make

製作芝麻奶凍

01 取一個直徑15cm的圓模，內層鋪上保鮮膜備用。

02 芝麻奶凍中的材料除了吉利丁片以外，放入小鍋中以小火加熱混合，砂糖融化後離火即可加入泡開擰乾的吉利丁。

03 將混合好的奶凍液倒入模型中，冷藏至少3小時。

製作蛋黃糊

04 蛋黃、液體油與細砂糖放入鍋中，以打蛋器打均勻。

05 加入溫熱的牛奶。

06 倒入芝麻粉拌勻。

07 將過篩後的低筋麵粉加入拌合均勻。

製作蛋白霜

08

依p.75的做法，分三次加入細砂糖，以中速→高速→低速的方式打發蛋白至小彎勾。

Tips 最後一次加入細砂糖時，同時加入檸檬汁，由於芝麻的油脂容易造成消泡，檸檬汁不建議省略唷！

09

將1/3的蛋白霜舀入蛋黃糊中，攪拌均勻。

10

再倒回原本的蛋白霜盆中。

11

拌合完成後的狀態會是非常有空氣感的蛋糕糊。

12

將蛋糕糊倒入模型中。

Tips 這邊使用的是活底硬膜材質（蛋糕可沾黏附著於模型藉以向上膨脹），因此戚風蛋糕的模型不需要抹油或鋪烘焙紙，才能有高高的蛋糕體唷！

13

將模型抬起摔至桌面上，震出大氣泡後，再以筷子或竹籤於模型中劃圈，消除小氣泡。

14

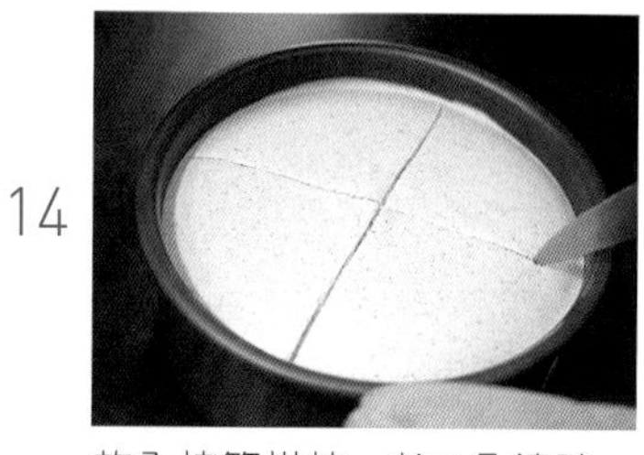

放入烤箱烘烤，於9分鐘時，於已結皮的蛋糕表面劃開紋路，再放回烤箱續烤18分鐘。

Tips 戚風定型前並不適合離開烤箱太久，這個步驟需要快速進行喔！

脫模

15

倒扣至全涼後，以手掌輕壓蛋糕周圍，使蛋糕體離開模型。

Tips 有烤透的蛋糕體會非常有彈性，輕壓並不會使蛋糕變形，請安心操作吧！

16

從底部將模型頂出周圍圓框。

17

沿著底部圓模同樣以手掌輕壓一圈。

18

完成脫模的底部會非常平整。

組合裝飾

19

裝飾用的鮮奶油加入細砂糖打發。

20

將西點刀的兩端裝上切片工具，並選擇需要的高度。

Tips 切片工具非必要購買，也可直接切片剖半。

21

輕輕扶著蛋糕上層，以來回的方式將蛋糕切成兩半。

22

完成兩片切片非常平整的蛋糕。

23

將冷卻定型的芝麻奶凍放上蛋糕片上。

24

抹上少許鮮奶油後，疊上另一半的蛋糕。

25

蛋糕上方鋪上稍微多的鮮奶油再鋪開。

26

側邊運用刮板輔助抹平。

27

未用完的鮮奶油加入少許芝麻，製作芝麻口味的鮮奶油，並依喜好裝飾即完成。

我的鮮奶油老是打過頭？

動物性鮮奶油的打發確實不容易，有時打發的量如果較多，機器無法在短時間內完成時，很容易造成升溫，鮮奶油就打花了。此時可以在下方多墊一個裝有冰塊與冰水的盆子，讓鮮奶油保持在低溫狀態，就比較不會有失敗的情形了。

什麼時候要使用幾分發的鮮奶油？

這個可能會依你需要成品狀態來決定，並非完全是定律，簡單分享我的習慣：夾餡用的鮮奶油一定是最硬的(約8-9分發)，其次則是擠花用的，約7-8分的鮮奶油擠出來的穩定度是我很喜歡的，抹面的鮮奶油，通常我會用6-7分發的來製作，較不會抹出明顯的紋路。喜歡淋醬狀態的，則依不同垂墜程度，可以試著玩玩看3-6分的鮮奶油，不同的硬度可以呈現不同的美感呢！

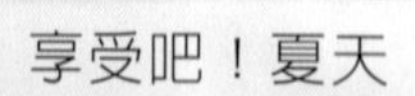

享受吧！夏天

26 夏日芒果捲 燙麵

Cake Roll with Mango

這次用燙麵法的戚風蛋糕體來製作，柔軟蓬鬆的蛋糕體非常好入口，特選當季的愛文芒果，天然果香在充滿夏日風情的甜點中有了最棒的呈現，你一定不能錯過！

手指餅乾

如果說想找一款製作簡單的小點心、可以單吃也能輕鬆變化，那我想這款手指餅乾你一定不能錯過，因為直接吃就非常涮嘴，如果想用來作為提拉米蘇的材料，要小心別一出爐就吃光光囉！

夏日芒果捲

材料（28×24.5×3 cm的深烤盤1盤）

蛋黃糊

低筋麵粉……………60g
液體油………………40g
溫牛奶………………44.5g
荔枝酒………………4g
（也可使用蘭姆酒）
蛋黃…………………85g

蛋白霜

蛋白…………………160g
細砂糖………………50g
檸檬汁………………5g

內餡

動物性鮮奶油………130g
馬斯卡邦乳酪………70g
細砂糖………………10g
蜂蜜…………………5g
新鮮芒果……………1顆

事前準備

- 先將白報紙摺入烤盤中。

a 取一張邊緣比模型高度再多一些的白報紙，將四邊摺入。

b 將四個角剪開。

c 塞入模型中。

d 多餘的紙張反摺。

- 低筋麵粉先過篩兩次。
- 烤箱以上火190°C／下火140°C預熱。

How to make

製作蛋黃糊

01 先將液體油倒入鍋中，以小火加熱至出現油紋即可倒入麵粉，以打蛋器攪勻。

Tips 如果不易看出油紋，請以瓦斯爐小火加熱大約10～15秒。

02 加入溫牛奶與荔枝酒後，再次攪拌均勻。

03 以一次加入一顆蛋黃的方式攪拌，將蛋黃糊製作完成。

製作蛋白霜

04 以電動打蛋器中速打發蛋白至出現粗泡。

05 加入1/3的砂糖，轉高速攪拌，蛋白泡會變得細緻。

06 再加入1/3的砂糖，維持高速，蛋白會開始有紋路。

07

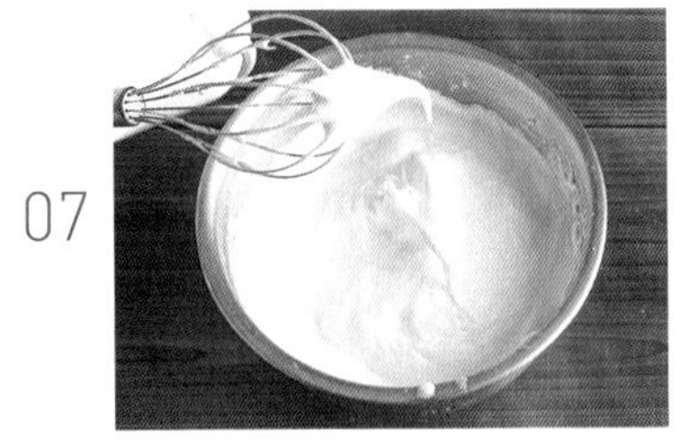

最後加入剩下的砂糖與檸檬汁，維持高速至蛋白紋路明顯。

Tips 最後轉低速攪拌消除大氣泡，完成的蛋白霜會是彎勾狀。

混合

08

將1/3的蛋白霜加入蛋黃糊中。

09

攪勻後，倒回蛋白霜中攪拌均勻。

10

將蛋糕糊倒入烤盤中。再以軟刮板將蛋糕糊表面刮平後入爐。

11

以190 / 140°C烤10分鐘，170 / 140°C續烤15分鐘出爐。

完成

12

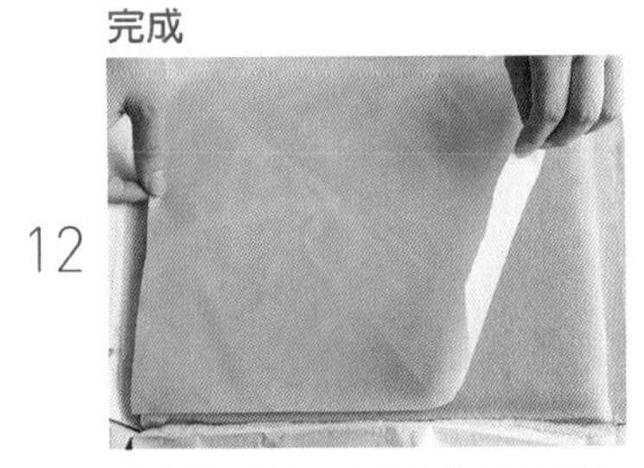

於表面蓋上一張白報紙（或烘焙紙）防止乾燥，靜置到微涼。確認蛋糕表面上蓋的是將要捲起的白報紙，捏住上下兩張紙後，將蛋糕翻至另一面。

13

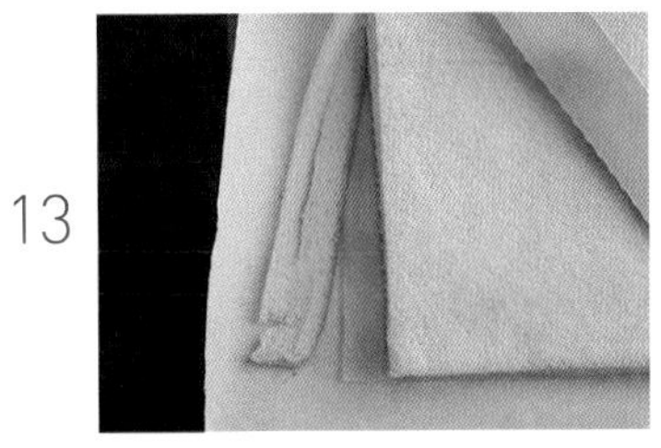

薄薄地切除蛋糕兩側。

14

於開頭段，以刀子輕劃幾刀輔助捲起。

15

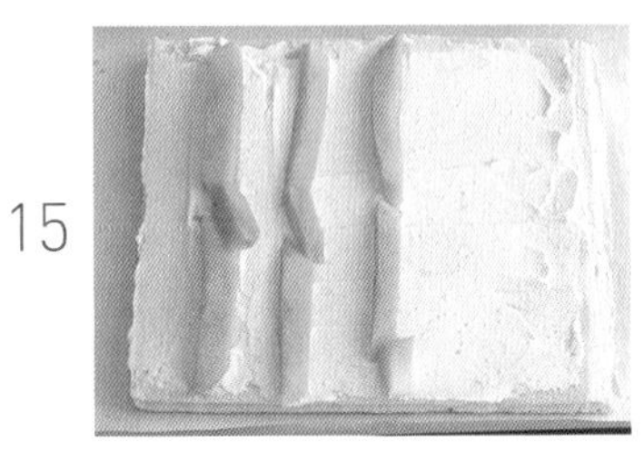

將內餡的鮮奶油打發再與馬斯卡邦混合，抹於蛋糕上。排上切條的芒果。

16

先捲起前段部分，確認固定。

17

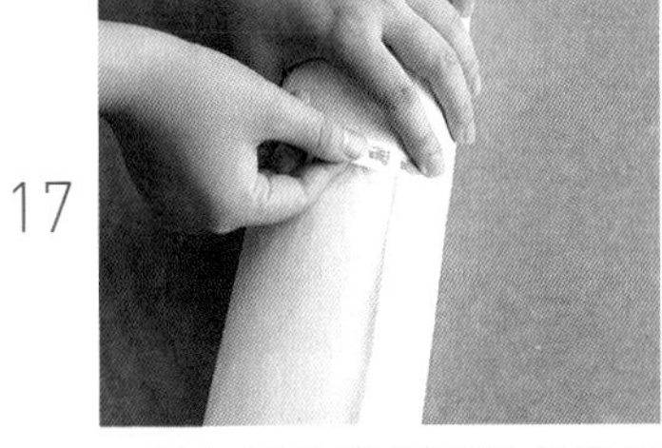

一鼓作氣地捲起蛋糕並黏貼固定。

Tips 建議捲起紙張選用烘焙行有販售的「白報紙」，由於烘焙紙具有防沾黏的效果，會無法以膠帶固定唷！

18

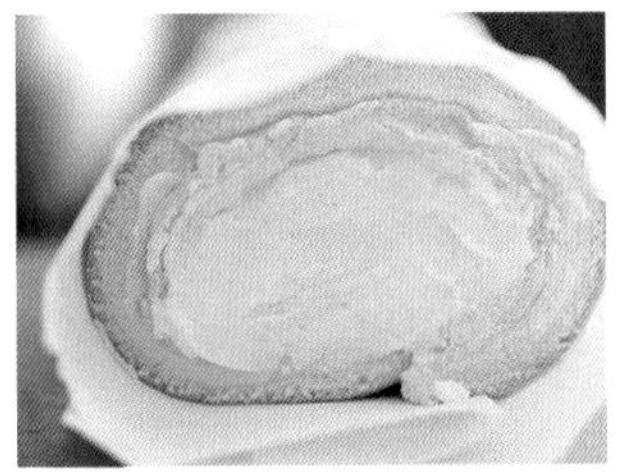

側邊黏貼前請確認收口朝下，冷藏一夜即可享用。

簡單快速的午茶小點

27 手指餅乾

Lady Finger

材料

蛋黃糊

蛋黃……………………33g
細砂糖…………………15g
蘭姆酒…………… 1/4小匙

蛋白霜

蛋白……………………80g
細砂糖…………………30g
檸檬汁………………… 3g

低筋麵粉………………55g

表面

糖粉…………………… 適量

事前準備

a 低筋麵粉先過篩一次。

b 取一張白紙，畫上7cm高度的記號，如果紙張夠長，可以畫兩排。

Tips 7cm是我常使用的尺寸，也可依需求調整。

b

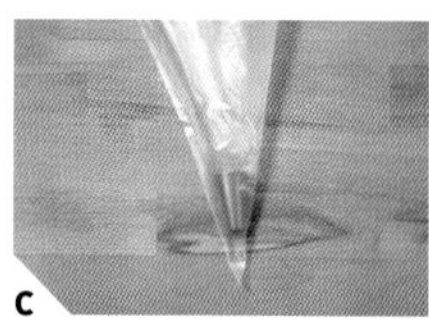
c

c 擠花袋中裝入花嘴(SN7067)備用。

d 烤箱以上火190℃ / 下火140℃預熱。

How to make

製作蛋黃糊

01

蛋黃與砂糖放入鍋中，以打蛋器攪拌均勻。

02

將蛋黃快速攪拌至呈現淺黃色即可。

03

加入蘭姆酒攪勻。

製作蛋白霜

04

以電動攪拌機中速將蛋白打至粗泡。

05

加入1/2的細砂糖，轉高速攪拌。

06

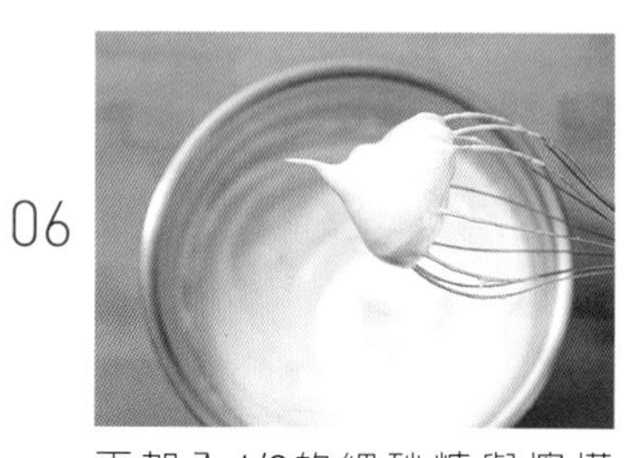

再加入1/2的細砂糖與檸檬汁，保持高速將蛋白打發至硬性發泡。

Tips 快到硬性發泡前，請轉慢速將蛋白霜中的大氣泡消除。

混合

07

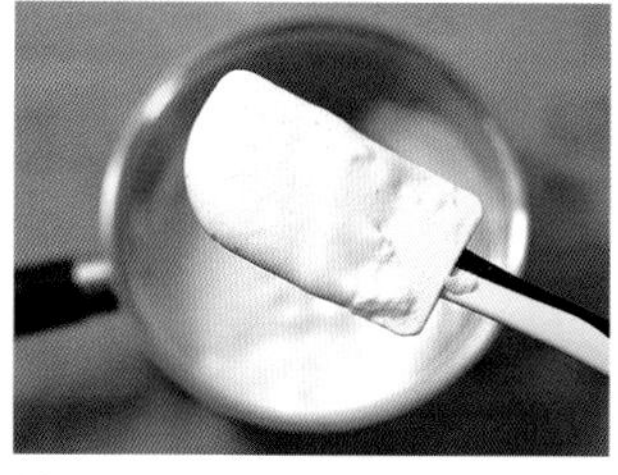

將1/3的蛋白霜舀入蛋黃糊中攪勻。

08

再倒回剩餘的蛋白霜中。以切拌的方式輕快地攪拌均勻。

09

加入低筋麵粉拌勻即完成，此時的麵糊會是充滿空氣感、流動性低的狀態。

Tips 這個步驟的動作需要更加輕柔，如果呈現流動狀可能是消泡了唷！

10

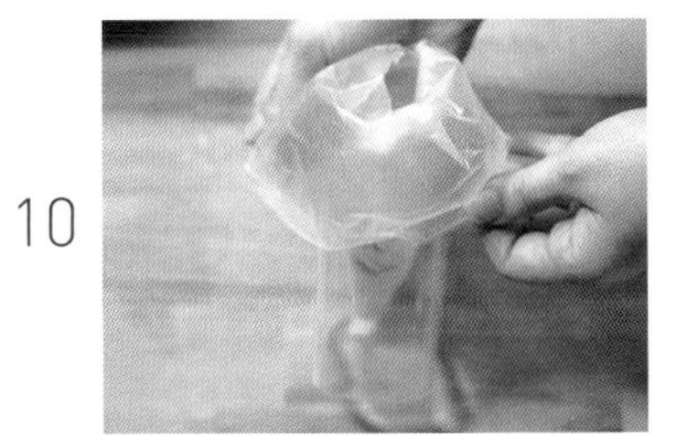

將套入花嘴的擠花袋放入深杯中。

11

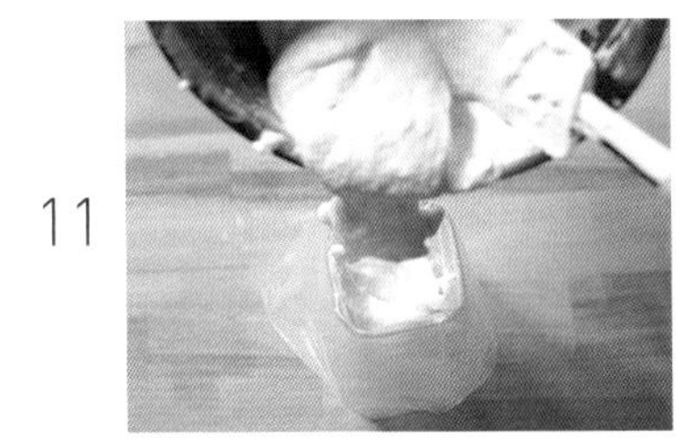

填入麵糊。

12

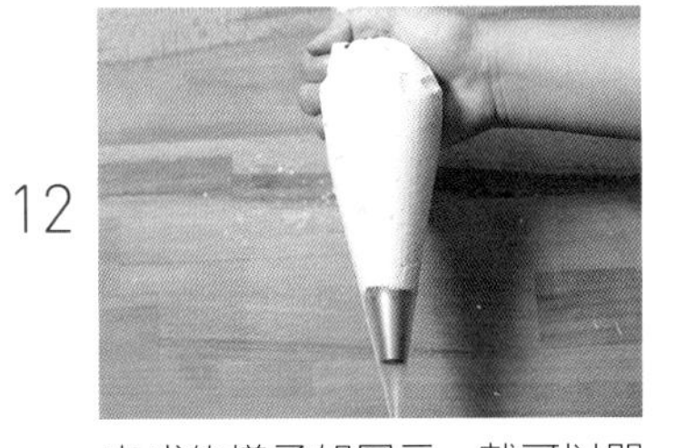

完成的樣子如圖示，就可以開始擠囉！

13

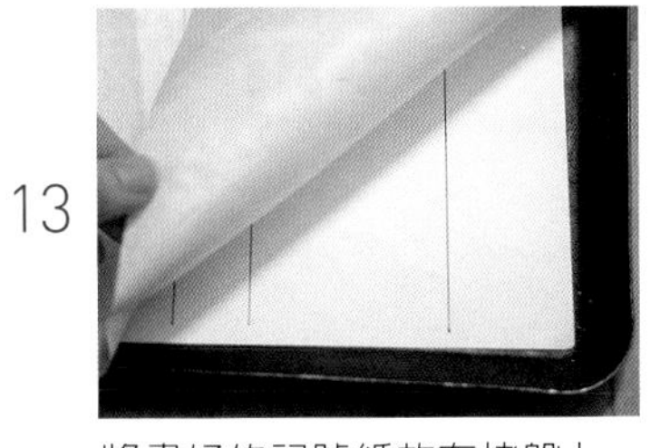

將畫好的記號紙放在烤盤上，上面墊一張烘焙紙（或烘焙布）。

14

距離烤盤1cm高的地方，將麵糊擠於記號線內。

15

以網篩將糖粉灑於麵糊上。

16

以190°C / 180°C 烤10分鐘出爐，中途有需要可將烤盤調頭使烤色平均。待涼後即可密封保存。

水果＋抹面

期待超久的冬天必點蛋糕

28 抹茶藏心草莓捲

Matcha Cake Roll with Strawberry

每次在水果攤前看到草莓的蹤跡，心裡總是會忍不住想著：「啊～不知不覺已經冬天了啊！」即使每次都需要用冬天冰冰的“常溫”水沖洗超多遍，還要細心擦乾才能使用，但看到超可愛的草莓裝飾在蛋糕上，心情瞬間也得到了療癒，再繁複的清潔過程好像也可以平常心看待了！

材料
（28×24.5×3 cm的深烤盤1盤）

蛋黃糊

低筋麵粉	60g
液體油	40g
溫水	40g
蛋黃	80g
無糖抹茶粉	6g
糖粉	5g

蛋白霜

蛋白	150g
細砂糖	48g
檸檬汁	5g

內餡

動物性鮮奶油	150g
馬斯卡邦乳酪	70g
細砂糖	20g
煉乳	8g
新鮮草莓	數顆

外層裝飾

動物性鮮奶油	80g
細砂糖	8g

動物性鮮奶油	20g
白巧克力	20g
無糖抹茶粉	2.5g

事前準備

a 依p.92的做法，先將白報紙摺入烤盤中。

b 低筋麵粉先過篩兩次。

c 抹茶粉先與糖粉混合備用。

d 烤箱以上火190 / 下火140 ℃預熱。

a

How to make

製作蛋黃糊

01

先將液體油倒入鍋中，以小火加熱至出現油紋，先加入抹茶糖粉以矽膠刮刀攪勻。

Tips 如果不易看出油紋，請以瓦斯爐小火加熱大約10～15秒。

02

確認無抹茶結塊後，再快速加入低筋麵粉混合。

03

加入溫水後再次攪拌均勻。

04

以一次加入一顆蛋黃的方式攪拌，將蛋黃糊製作完成。

製作蛋白霜

05

依p.92的做法，分三次加入細砂糖，以中速→高速→低速的方式打發蛋白至小彎勾。

Tips 轉低速前加入檸檬汁，可以使蛋白狀態更加穩定。

混合

06

將1/3的蛋白霜加入蛋黃糊中。

07

攪勻後，倒回蛋白霜中攪拌均勻。

08

將蛋糕糊倒入烤盤中。

09

再以軟刮板將蛋糕糊表面刮平後入爐。

10

以190 / 140°C烤10分鐘，170 / 140°C續烤15分鐘出爐。

完成

11

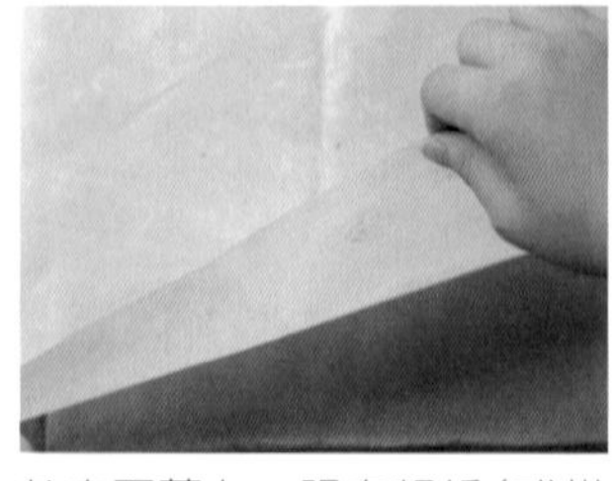

於表面蓋上一張白報紙(或烘焙紙)防止乾燥，靜置到微涼。

12

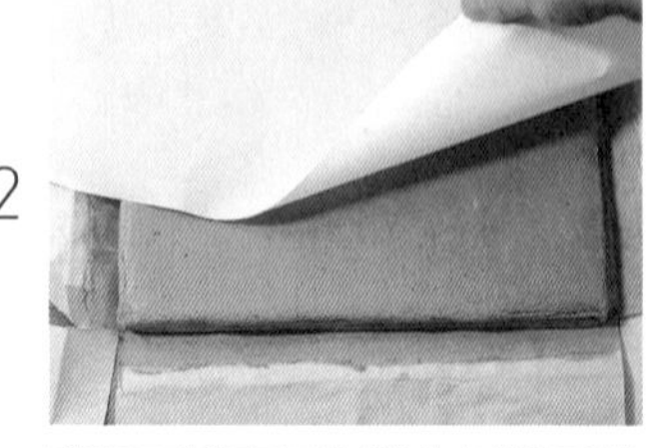

確認蛋糕表面上蓋的是將要捲起的白報紙，捏住上下兩張紙後，將蛋糕翻至另一面。

13

薄薄地切除蛋糕兩側，於開頭段，以刀子輕劃幾刀輔助捲起，小心別劃破蛋糕。

Tips 蛋糕片兩側有時會因為接觸烤模的面積較大而偏乾，薄薄地切除兩側，可降低從側邊裂到中間的風險。

14

將內餡的材料除了草莓之外，皆打發混合。

15

將內餡塗抹於蛋糕片上。

16

排上洗淨去蒂的草莓。

17

再於草莓上鋪上一層鮮奶油霜。

Tips 鋪第二層鮮奶油時，不需要刻意抹厚，主要是希望填滿草莓間的縫隙，避免切開後的斷面有空洞。

18

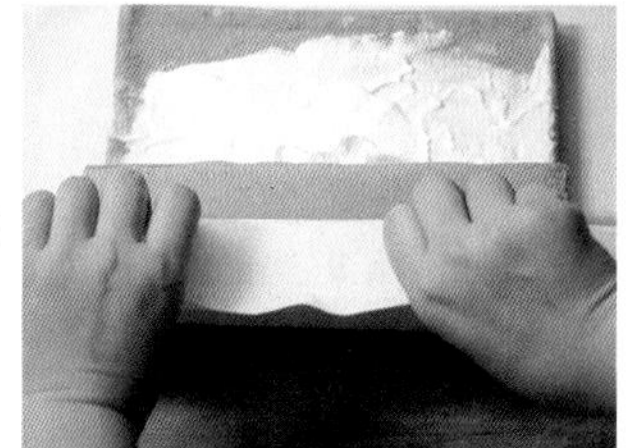

先捲起前段部分，確認固定。

Tips 此步驟也可以擀麵棍墊於紙張後方輔助捲動。

19

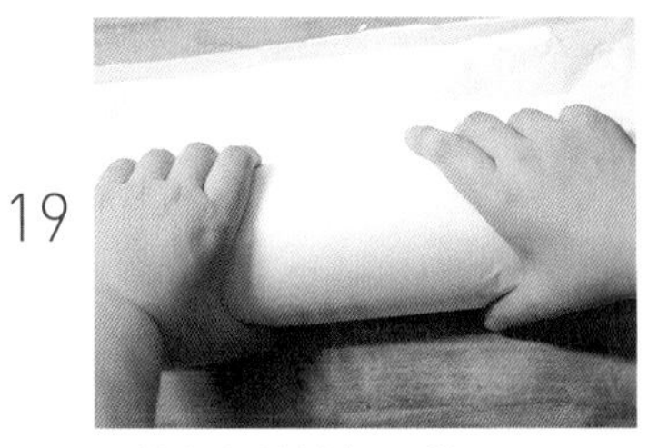

一鼓作氣地捲起蛋糕。

20

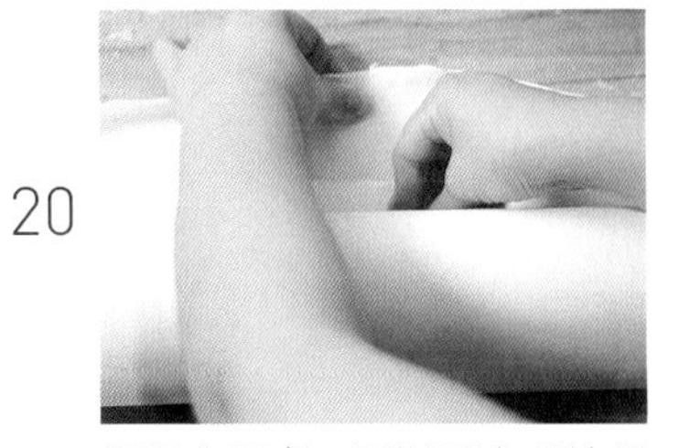

記得收尾處，可以用右手持長尺或直接以手掌輕推蛋糕體，左手輕拉下方紙張，以確實收緊蛋糕。

21

整條蛋糕捲起固定，並冷藏一夜。

Tips 側邊黏貼前請確認收口朝下。

22

隔天打發裝飾用的鮮奶油與砂糖。

23

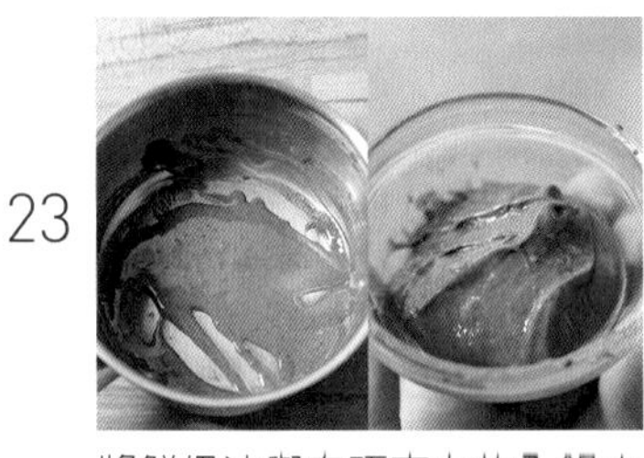

將鮮奶油與白巧克力放入鍋中隔水加熱融合，再加入抹茶粉。

24

將步驟23放入擠花袋中備用。

25

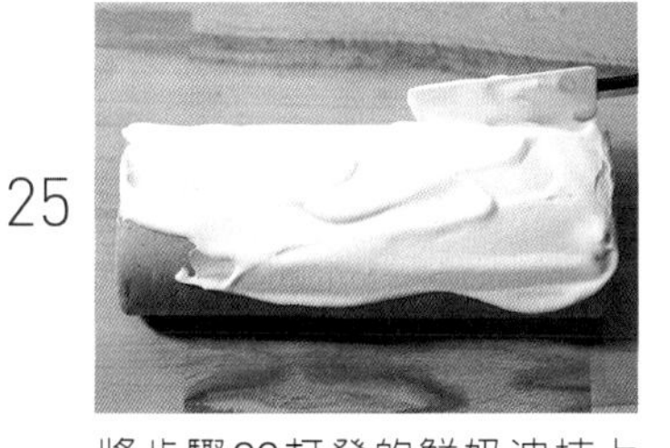

將步驟22打發的鮮奶油抹上蛋糕體外層。

26

運用塑膠片將外層鮮奶油快速抹平。

Tips 塑膠片可用乾淨的資料夾裁剪取代。

27

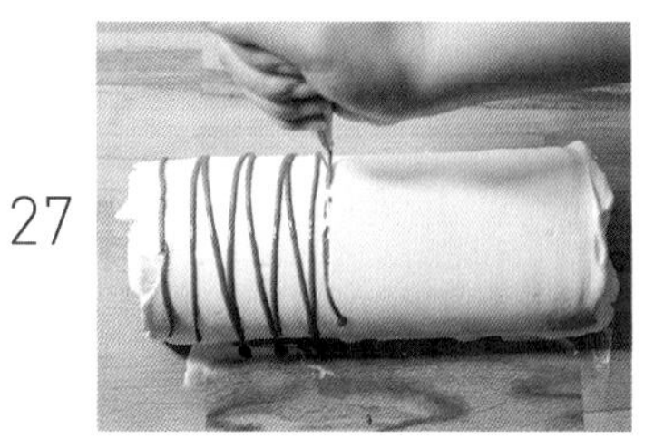

以抹茶醬隨性於蛋糕表面畫出線條即完成。

打發蛋白要冰的好還是常溫好呢？

冰的蛋白打發時間會較常溫蛋白久，以戚風蛋糕來說，建議選用冰的蛋白來製作，可使蛋糕的細緻程度更高，不過過低的溫度，會蛋白變得很不易打發，冬天製作時，可先將雞蛋取出冰箱，再進行其他的食材準備；夏天溫度高時，可將分離後的蛋白先放入冰箱冷藏備用，避免溫度過高的蛋白，影響成品口感。

彎勾的大小怎麼判斷？

以書中的戚風蛋糕來說，我最喜歡的就是大彎勾做出來濕潤、蓬鬆的口感，即使沒有鮮奶油單吃蛋糕就非常美味，針對部分易消泡的食材（巧克力、芝麻...）我會將蛋白打硬一些（小彎勾）讓蛋白可以耐得住食材中的油脂成份，而不會造成消泡。判斷的方式，建議先以刮刀將鋼盆周圍與中間的蛋白霜拌勻，從底部拉起看彎勾的狀態，才會是比較平均的。

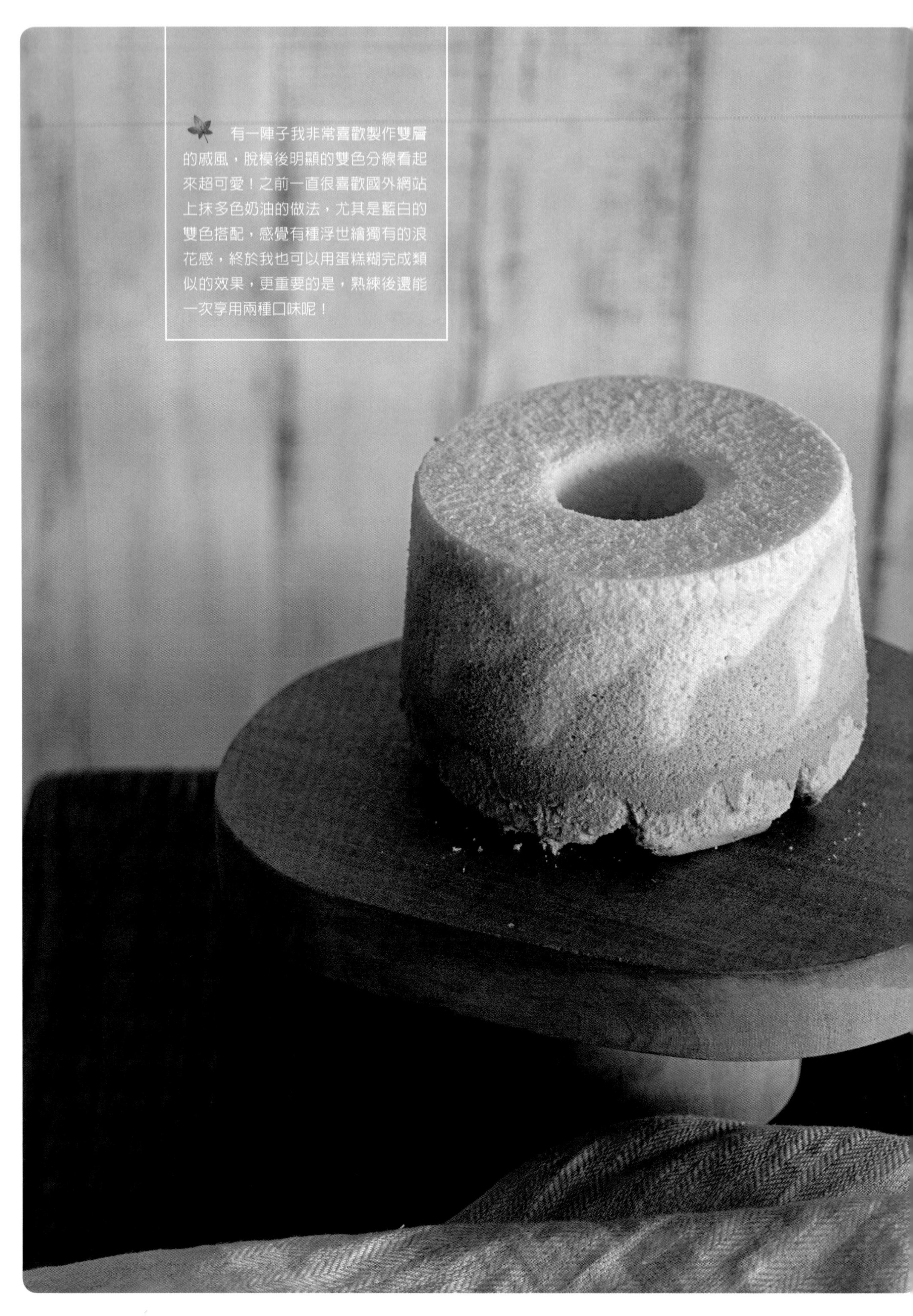

有一陣子我非常喜歡製作雙層的戚風，脫模後明顯的雙色分線看起來超可愛！之前一直很喜歡國外網站上抹多色奶油的做法，尤其是藍白的雙色搭配，感覺有種浮世繪獨有的浪花感，終於我也可以用蛋糕糊完成類似的效果，更重要的是，熟練後還能一次享用兩種口味呢！

每一次都有不同驚喜

29 浪花戚風 燙麵

Chiffon Cake in Wave Pattern

材料

（14cm加高中空模，約6吋）

蛋黃糊

低筋麵粉……50g
溫牛奶……45g
液體油……35g
蛋黃……48g
蜂蜜……5g
紅麴粉……1/4小匙

蛋白霜

蛋白……120g
細砂糖……36g
檸檬汁……3g

事前準備

- 將低筋麵粉過篩兩次。
- 烤箱預熱上火190°C / 下火140°C

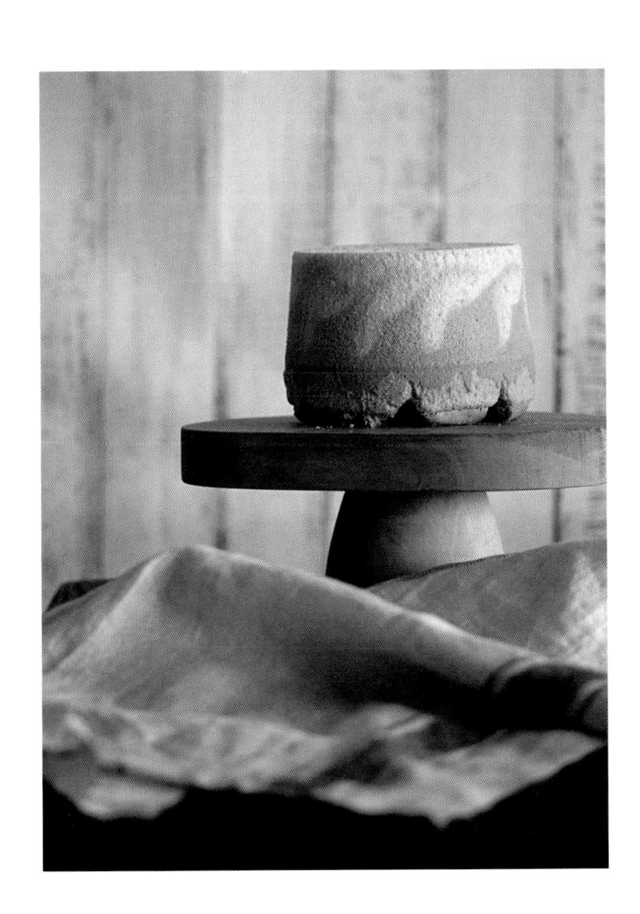

How to make

製作蛋黃糊

01

液體油以中小火加熱至出現油紋。

Tips 若鍋中看不見油紋，可直接以瓦斯爐小火加熱10～15秒再離火。

02

加入過篩後的低筋麵粉，完成的狀態會有點像美乃滋狀。

03

放入溫牛奶與蜂蜜並以打蛋器攪勻。將蛋黃也加入麵糊中，即完成淺色的蛋黃糊。

04

將蛋黃糊分成兩份，其中一份加入紅麴粉，完成粉色蛋黃糊。

Tips 如使用的紅麴粉容易有結塊的狀況，建議可先加少許份量外的熱水調成濃濃的糊狀再加入。

製作蛋白霜

05

以中速將蛋白打至粗泡狀後，加入 1/3的砂糖。

06

轉高速攪拌，加入 1/3的砂糖，此時泡沫會變得較為細緻。

07

再加入 1/3的砂糖與檸檬汁，保持高速打至紋路變得明顯。

08

轉低速消除蛋白中不均勻的氣泡，最後的狀態是小彎鉤狀。

09

將蛋白分成兩等份，其中一半的 1/3的蛋白霜舀入淺色蛋黃糊中，攪拌均勻。

10

另一半的 1/3舀入粉色蛋黃糊中攪勻。

11

再將粉色蛋黃糊，倒回原本的蛋白霜盆中，淺色操作方式亦同。

12

先將淺色蛋糕糊倒入模型中。

Tips 由於脫模後，會上下翻轉，所以先放的顏色，脫模後會在上方，大家可自由選擇。

13

再倒入粉色的蛋糕糊。

14

取一支長度超過模型的工具（這邊使用長柄湯匙，建議稍微粗一些的工具，不建議使用筷子或竹籤。）

15

緊貼模型邊緣，以工具上下上下的方式，劃出連貫的圓弧線。

16

以上火 190度/下火 140°C，烘烤9分鐘後，於已結皮的蛋糕表面劃開紋路，再放回烤箱上火 180°C /下火 140°C續烤 18分鐘，倒扣至全涼即可脫模。

Chapter 4

{幼幼班也能驕傲端上桌}

超滑嫩伯爵茶布丁

老派布丁

不可思議的驚人滑溜感

30 超滑嫩伯爵茶布丁 電鍋

Earl Grey Pudding

嘿！喜歡吃滑溜口感的你一定要試試看這款茶味布丁，材料非常的簡單，如果是做給小朋友吃的，也可以省略伯爵茶汁的使用，改成純牛奶，風味也超級香濃唷！

材料（容量120ml 的模型3個）

布丁體

蛋黃……… 3個（約46g）
細砂糖……… 13g
上白糖……… 6.5g
牛奶……… 268g
伯爵茶包…… 1包（約4g）

焦糖

細砂糖……… 20g
冷水……… 2g

事前準備

將茶包放入牛奶鍋中，煮至周圍出現小泡泡，即可熄火備用，使用前再將茶包取出。

How to make

焦糖

01

在厚底小鍋中平均放入砂糖與冷水。

02

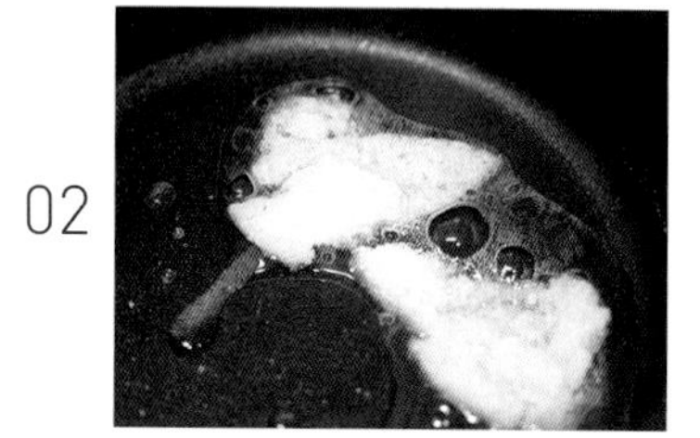

開小火加熱。

Tips 在顏色轉黃以前，都不可以攪拌鍋內的砂糖唷！

03

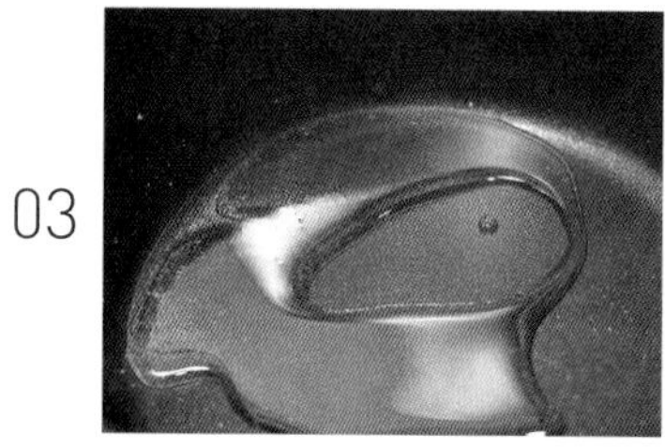

輕晃鍋子，使焦糖混合得更加均勻，整體呈現褐色。

Tips 顏色變成淺褐色後就要注意囉！接下來顏色轉深的速度會很快。

04

將熱焦糖將倒入模型中。

布丁體

05

於深鍋中放入三顆蛋黃與糖類。

06

以打蛋器攪拌至完全混合均勻。

07

將剛剛準備好的溫伯爵牛奶茶，緩緩沖入蛋黃液中。

Tips 這個步驟可以用打蛋器輔助混合。

08

完成的布丁液大概會像這個樣子。

09

將布丁液過篩一次。

10

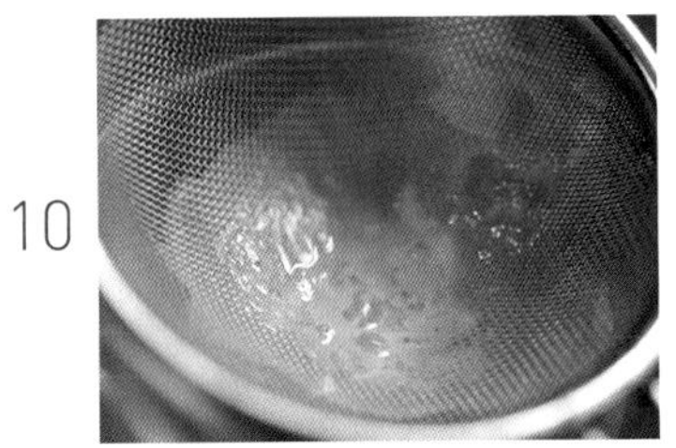

過濾的步驟可以將蛋筋留於網篩上，布丁的口感會更滑溜細緻。

11

以小網篩倒入過篩後的布丁液，再次過篩。

12

撒上少許伯爵茶包內的茶渣。電鍋內倒入一碗水，啓動加熱至微微地沸騰後，再放入布丁模型。

Tips 布丁模型可以蓋上鋁箔紙，也可以不蓋，以蒸布丁來說美觀度影響不大，電鍋蓋子微開即可。

13

蒸8～12分鐘後，關閉電源，蓋子保持微開，再悶5分鐘即可出爐。

Tips 布丁蒸製的時間與模型材質與容量息息相關，容量越大蒸的時間越長，耐熱塑膠、陶瓷或玻璃布丁杯的時間也會比金屬模再延長一些。

很雖然普通但一吃就得到療癒

31 老派布丁 電鍋

Ancient flavor Pudding

材料（容量120ml 的模型4個）

布丁體

蛋黃 …… 1個（約20g）
全蛋 …2個（約110g）
鮮奶油……………80g
牛奶 …………… 140g
細砂糖……………28g
香草莢………… 1/2根

焦糖

細砂糖…………… 45g
冷水 …………… 10g
熱水 …………… 15g

事前準備

a 將香草籽剖半。

b 刮出香草籽備用。

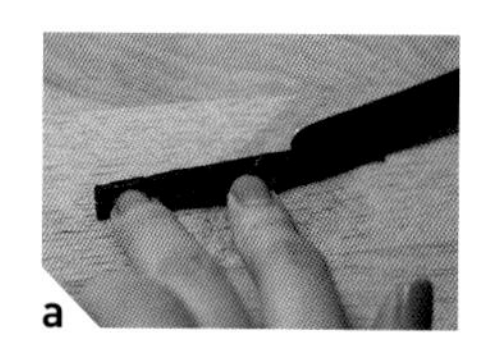
a

b

到日本旅行時，我特別喜歡拜訪傳統的珈啡屋，親切的店主、質樸的桌椅...總讓人覺得很安心。手寫的菜單上滿滿都是店主自信作，如果有布丁我一定會來一份！招牌布丁不見得是最完美華麗的，但卻有著強大的療癒力，有機會也一起來試試看吧！

How to make

焦糖

01

在厚底小鍋中平均放入細砂糖與冷水。

02

開小火加熱。

Tips 在顏色轉黃以前，都不可以攪拌鍋內的砂糖唷！

03

漸漸地會發現泡泡變得比較大。

04

輕晃鍋子，使焦糖混合得更加均勻。

Tips 顏色變成淺褐色後就要注意囉！接下來顏色轉深的速度會很快。

05

褐色出現後即可加入熱水，並離開火源攪拌均勻。

Tips 加入熱水會有噴濺的狀況，請務必小心操作！

06

將熱焦糖將倒入模型中。

布丁體

07

將鮮奶油、牛奶、香草莢與香草籽放入小鍋，中小火加熱至周圍出現泡泡即可關火備用。

08

於鍋中放入全蛋與蛋黃。加入細砂糖後，以打蛋器攪拌至完全混合均勻。

09

香草夾取出，將剛剛備好的溫熱牛奶液，緩緩沖入蛋黃液中。

Tips 這個步驟可以用打蛋器輔助混合。

10

完成的布丁液大概會像這個樣子。

11

將布丁液過篩一次。

12

將小網篩架於布丁杯上，倒入過篩後的布丁液，作為再次過篩。

13

電鍋內倒入1.5碗水，啓動加熱至微微地沸騰後，再放入布丁模型。

Tips 布丁模型可以蓋上鋁箔紙，也可以不蓋，以蒸布丁來說美觀度影響不大，電鍋蓋子微開即可。

14

蒸18分鐘後，關閉電源，再悶5分鐘即可出爐。

Tips 布丁蒸製的時間與模型材質與容量息息相關，容量越大蒸的時間越長，使用金屬模時，時間會比耐熱塑膠、陶瓷或玻璃布丁杯的稍微縮短一些。

鐵盒壓模餅乾

經典提拉米蘇

剩下的蛋白有地方用了！

32 鐵盒壓模餅乾 蛋白

Icebox Cookies

來吧！獻出你的尖叫聲～～～我一直對鐵盒餅乾非常沒有抵抗力，看到可愛的顏色搭配各種造型的小餅乾整齊地排放於鐵盒裡，我就會超級興奮，想想看一個盒子裡可以品嘗到多種口味，還可以透過不同造型的結合，呈現出不一樣的季節感，趁節日前來準備麵團吧！

材料

原味麵團

低筋麵粉 ·············· 145g
蛋白 ·········· 1個（約30g）
無鹽奶油 ················84g
糖粉 ·····················43g

色粉

用量可依個人喜好決定深淺
紫色__紫薯粉
綠色__抹茶粉
粉色__紅麴粉
咖啡色__可可粉、即溶咖啡粉
灰色__少量竹炭粉
黑色__竹炭粉
灰雜色__芝麻粉
黃色__南瓜粉

事前準備

- 低筋麵粉過篩兩次備用。
- 將無鹽奶油放置常溫軟化。
- 烤箱預熱上火180℃ / 下火180℃

How to make

原味

01

將無鹽奶油軟化至可用打蛋器輕鬆壓下的程度。

02

先將奶油與糖粉打散。

03

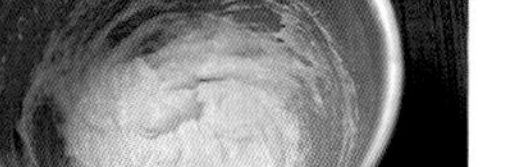

分兩次加入打散的蛋白，再以打蛋器攪勻。

04

加入過篩的麵粉，以硬刮刀拌勻。

05

將麵團以保鮮膜包覆。

06

以擀麵棍將麵團整平，至少冷藏 1 小時。

紫薯口味

07

依喜好將紫薯加一點點溫水調成泥狀（步驟中示範的顏色約6g紫薯粉）。

08

照原味餅乾的材料與製作步驟，將紫薯泥加入混合的蛋白糊中。

09

加入低筋麵粉，再次拌勻。

10

同樣以保鮮膜包覆後冷藏至少 1 小時。

抹茶口味

11

依原味餅乾的材料與步驟，將抹茶粉加入混合的蛋白糊中（步驟中示範的顏色約5g無糖抹茶粉）。

12

加入低筋麵粉拌勻後，以保鮮膜包覆冷藏至少 1 小時。

壓模

13

共可以完成三種口味。

14

於麵團表面撒上少許高筋麵粉防沾。

15

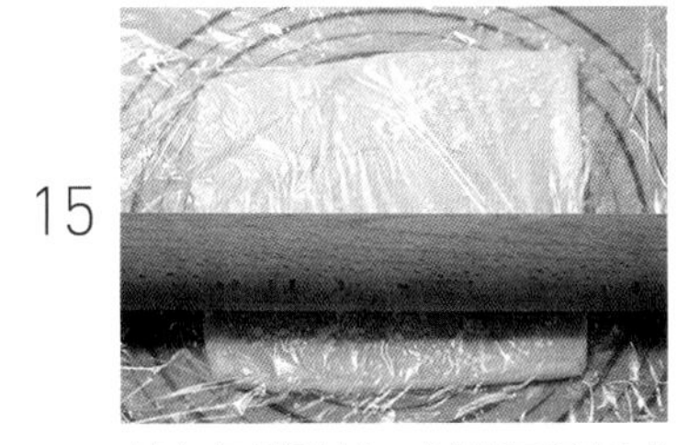

蓋上保鮮膜後，以擀麵棍壓成厚度0.3cm的麵團。

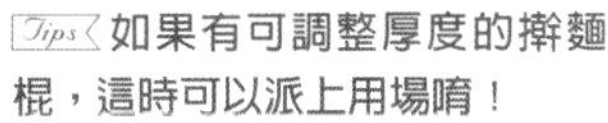

Tips **如果有可調整厚度的擀麵棍，這時可以派上用場唷！**

16

依喜好將麵團壓出喜歡的造型。

Tips **如果有網狀烤墊，建議使用它鋪於烤盤上使用，可幫助排出氣體，得到平整的餅乾面。**

17

多餘的麵團可切成喜歡的大小，以牙籤與吸管製作表情。

18

以上火180℃／下火180℃，烘烤8分鐘後，將烤盤轉向再續烤6分鐘即可。

Tips **餅乾還有熱度時會比較軟不建議移動，以免變形，接爐連續烘烤時，也務必注意溫度，避免第二爐顏色偏深唷！**

帶我走吧！迷人的義大利風情

33 經典提拉米蘇

Classic Tiramisu

有時就是想吃點充滿酒香的點心放鬆一下？我懂我懂～當手指餅乾烤太多，或是需要冷藏的待客點心時，提拉米蘇就是我的首選，獨家的神秘內餡，讓味道更有層次。幫自己沖杯熱紅茶，再豪邁地挖一塊提拉米蘇～一起享受這悠閒的午後時光吧！

材料
（22×15×6 cm的模型1個）

手指餅乾……………數條

酒糖液

濃縮咖啡……………65g
細砂糖……………20g
KAHLUA卡魯哇咖啡酒……………20g
白蘭地……………10g

乳酪糊

蛋黃……………1顆（約20g）
細砂糖A……………40g
全蛋……………1個（約55g）
白蘭地……………5g
檸檬皮……………1/2顆
鮮奶油……………230g
細砂糖B……………20g
馬斯卡邦乳酪……………200g

巧克力甘納許

鮮奶油……………30g
70%苦甜巧克力……………20g

事前準備

a 準備手指餅乾，可購買市售成品，亦可參考p.94的步驟製作需要的數量，長度可依模型調整。

b 製作酒糖液，將砂糖與熱濃縮咖啡混合後，再加入其他材料拌勻備用。

c 馬斯卡邦乳酪常溫軟化。

b

How to make

01

將蛋黃、全蛋與砂糖A一起放入鍋中。

02

以隔水加熱的方式，攪拌至砂糖完全溶解，且顏色變淡。

Tips **動物性蛋白質約60~65度左右會開始漸漸凝結變熟，隨著製作過程水溫會下降，一開始下方的水盆溫度至少需要70度。**

03

加入白蘭地與檸檬皮屑後拌勻。

04

將軟化的馬斯卡邦乳酪與砂糖B混合後攪打均勻。取完成的步驟3加入馬斯卡邦乳酪糊中。

05

將鮮奶油打發。

再加入步驟4中混合均勻即完成乳酪糊。

07

將甘納許的材料隔水加熱混合備用。

組合

將手指餅乾裁切成適當的尺寸放入模型中，並刷上很多地酒糖液。

Tips **這個步驟如果想用沾取的也是可以，但小心不要浸泡太久，以免影響手指餅乾的口感。**

09

舀入部分的乳酪糊，以刮刀抹平。

淋上適量的甘納許，再稍微抹開，不需要很均勻。

再鋪上一層手指餅乾，並刷上酒糖液。

12

鋪上第二層的乳酪糊。

13

放上第二次的甘納許後再次抹平，即可冰入冰箱冷藏一夜。

Tips **如果你的模型是沒有上蓋的，請務必以保鮮膜貼緊密封。沒用完的乳酪糊也同樣密封冷藏保存。**

14

將剩餘的餡料隨性擠於表面，再撒上防潮可可粉隨性裝飾即完成。

經典迷人的英倫茶香

34 伯爵茶司康 壓模

Earl Grey Scones

伯爵茶是我很喜歡的茶品，加熱時散發的獨特佛手柑香氣，超級迷人，這次選用的是已經呈現茶葉末的茶包，省去了另外磨粉的步驟，相當方便呢！

材料（直徑5cm的6～7個）

低筋麵粉……………180g
無鋁泡打粉……………6g
細砂糖……………15g
鹽……………0.7g
無糖優格……………55g
熱水……………20g
伯爵茶包……………1包
（粉量約4g）
無鹽奶油……………70g
核桃碎……………18g

事前準備

- 奶油切成小方塊備用。
- 烤箱以 上火200℃／下火180℃預熱
- 核桃先以上火150℃／下火150℃烘烤10分鐘，放涼備用。

How to make

01

將低筋麵粉與無鋁泡打粉一起過篩。放入奶油丁，並搓成細屑狀。

02

倒入伯爵茶液與浸濕後的茶粉。快成團前，加入烤過的核桃拌勻。

03

以保鮮膜包裹放入冷藏靜置1小時。

04

將冷藏後的麵團移至桌上，正、反兩面可以撒上少許高筋麵粉防止沾黏。

05

將麵團上下摺疊後再擀開，反覆操作共3次以增加層次感。

06

最後擀開，厚度大約1cm，放上模型壓出圓模。多出來的麵團邊角，可以以手聚合的方式，重新整平再壓出圓模，建議不要重複摺疊太多次，以免影響口感唷！

07

剩下的小麵團我也很喜歡直接聚合成小團，這樣的一口司康也非常好吃呢！

08

輕輕將司康移至烤盤上。

09

表層刷上少許蛋黃液，可增添烘烤後的色澤。

10

以200℃／180℃
烤10分鐘，
烤盤調頭後以
190℃／180℃
烘烤10分鐘即可。

京都系必嚐風味

35 抹茶紅豆司康 壓模

Matcha and Red Bean Scones

圓形是許多人對司康這款點心的第一印象，尤其是中間的一道裂痕，更是經典標誌，這次不是將蜜紅豆混入麵團，而是以摺疊的方式呈現，更有種吃到內餡的小驚喜呢！

材料　（直徑5cm的6~7個）

低筋麵粉 ·············· 150g
無鋁泡打粉 ·············· 6g
細砂糖 ···················20g
鹽 ························0.7g
無糖優格 ················60g
全蛋 ·····················30g
無糖抹茶粉 ·············· 5g
無鹽奶油 ············· 37.5g
蜜紅豆 ···················38g

事前準備

- 奶油切成小方塊備用。
- 烤箱以 上火200°C / 下火180°C預熱

How to make

01

將低筋麵粉、抹茶粉與無鋁泡打粉一起過篩。

02

放入奶油丁，並搓成細屑狀。

03

倒入優格與全蛋液稍微混合，大概看不見明顯的粉粒感，就可以囉！

04

以保鮮膜包裹放入冷藏靜置1小時。

05

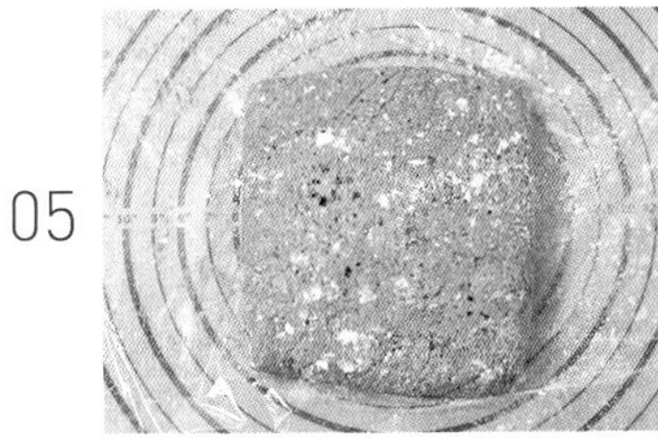

將冷藏後的麵團移至桌上，正、反兩面可以撒上少許高筋麵粉防止沾黏。

Tips 如果希望增加層次感，可以將麵團對摺後再擀開，共反覆操作2次。

06

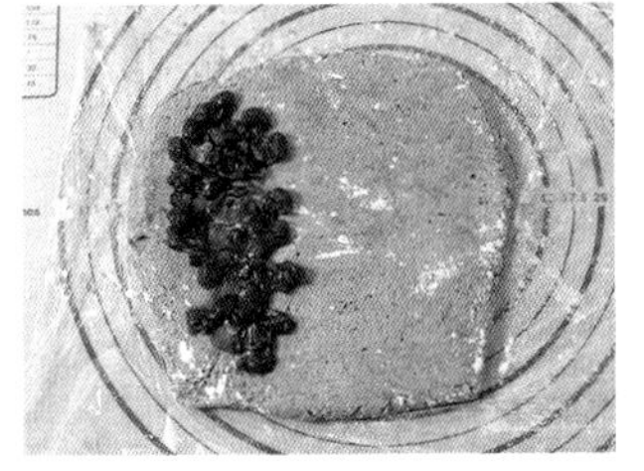

最後擀開，厚度大約1cm，鋪上蜜紅豆。

07

將麵團對摺。以直徑5cm的模型垂直壓下。

Tips 如果擔心模型沾黏，模型也可先沾上少許高筋麵粉。

08

依序完成圓型司康。

Tips 多出來無法構成圓形的麵團，可以以手聚合的方式，重新壓出圓模，建議不要重複摺疊太多次，以免影響口感唷！

09

輕輕將司康移至烤盤上，表層刷上少許牛奶。

10 以200°C / 180°C烤10分鐘，烤盤調頭後以190°C / 180°C烘烤10分鐘即可。

Tips 如果使用的模型越小，會切出越多小司康，烘烤時間也會縮短。

豪邁又隨性的點心

36 藍莓司康 不規則

Blueberry Scones

第一次吃到這種司康時，坦白說我也超級驚訝！原來可以司康也能這麼好吃～不需要多次擀壓，只要有冰淇淋勺就能快速製作，即使沒時間也能享受美味下午茶了。

材料（直徑約6cm的6個）

低筋麵粉……………108g
無鋁泡打粉……………3g
椰子花蜜糖……………14g
（也可使用砂糖）
無鹽奶油………………24g
牛奶……………………65g
冷凍藍莓………………44g

事前準備

- 奶油切成小方塊備用。
- 烤箱以 上火200℃／下火180℃預熱

How to make

01

將低筋麵粉與無鋁泡打粉一起過篩。

02

加入椰子花蜜糖攪拌均勻。

03

放入奶油丁，並搓成細屑狀。

04

倒入牛奶稍微混合至無粉粒狀。

05

放入冷凍藍莓混合。

06

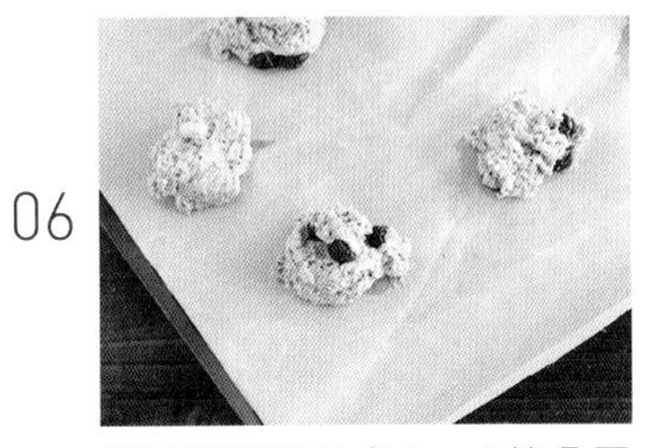

將司康麵團分成5～6等分置於烤盤上。

Tips 由於Drop Scone的質地較濕黏，可以以冰淇淋勺或兩支湯匙輔助分割。

07

以200℃／180℃
烤10分鐘，
烤盤調頭後以190℃／
180℃烘烤10分鐘即可。

蛋白

畫上表情，讓生活更有趣

37 蝸牛擠花餅乾

Butter Cookies

超喜歡擠玫瑰花時的療癒，但只要加個小變化，浪漫的玫瑰擠花也可以變得超可愛！簡單地蝸牛身體與表情都非常適合讓小朋友即興發揮，準備好一起同樂了嗎？

材料

低筋麵粉……………95g
無鹽奶油……………90g
糖粉…………………33g
常溫蛋白……………15g

竹炭粉………………適量

事前準備

- 低筋麵粉請先過篩。
- 將無鹽奶油放置常溫軟化。
- 烤箱預熱上火165℃ / 下火170℃

How to make

01

將無鹽奶油軟化至可用打蛋器輕鬆壓下的程度。先將奶油與糖粉打散。

02

加入一半打散的蛋白，並以電動打蛋器攪散。加入另一半蛋白攪勻。

03

加入過篩的粉類，以刮刀拌勻。將麵團封緊後冷藏30分鐘以上。

04

取部分麵團放入擠花袋中，前端剪個小開口。

05

於烤墊上擠出蝸牛的身體。

06

剩下的麵團裝入有花嘴的擠花袋內。

Tips 這邊使用SN7082的花嘴，大家可選6齒的花嘴，或其他喜歡的款式來運用。

07

於蝸牛身體上擠出蝸牛殼花。

Tips 蝸牛殼擠的時候收尾下壓放鬆，尺寸可以依喜好調整。

08

完成的樣子如圖示。

09

以上火165℃ / 下火170℃，烘烤8分鐘後，將烤盤轉向再續烤6分鐘即可。

10

冷卻後，以竹炭粉調少許水畫上表情就完成了。

愛上不甜的抹茶餅乾

38 抹茶貝殼餅乾 蛋白

Matcha Cookies

假日在家幫自己刷一碗抹茶是我最喜歡的事，每次去日本總不忘幫自己帶點抹茶粉回來。吃光了最後一片宇治帶回的餅乾，心裡盡是捨不得～幸好上回路過一保堂時，順手帶了適合烘焙的抹茶粉，試著仿造那個可愛的外型，雖然還有一段差距，但已足以撫慰超想去度假的心。

材料

- 低筋麵粉……90g
- 抹茶粉……7g
- 無鹽奶油……90g
- 糖粉……38g
- 常溫蛋白……15g

- 白巧克力……適量
- 杏仁碎……適量

事前準備

a 低筋麵粉與抹茶粉混合後過篩。

b 將無鹽奶油放置常溫軟化。

c 烤箱預熱上火165°C／下火170°C

How to make

01

將無鹽奶油軟化至可用打蛋器輕鬆壓下的程度。先將奶油與糖粉打散。

02

分兩次加入打散的蛋白。再以打蛋器攪勻。

03

加入過篩的粉類，以刮刀拌勻。將麵團封緊後冷藏30分鐘以上。

04

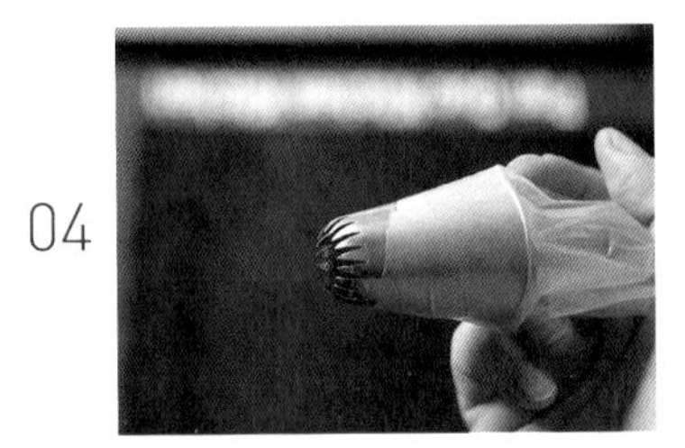

將花嘴裝上擠花袋上。

Tips 這邊使用869k的花嘴，大家可選12齒的花嘴，或其他喜歡的大花嘴來運用。

05

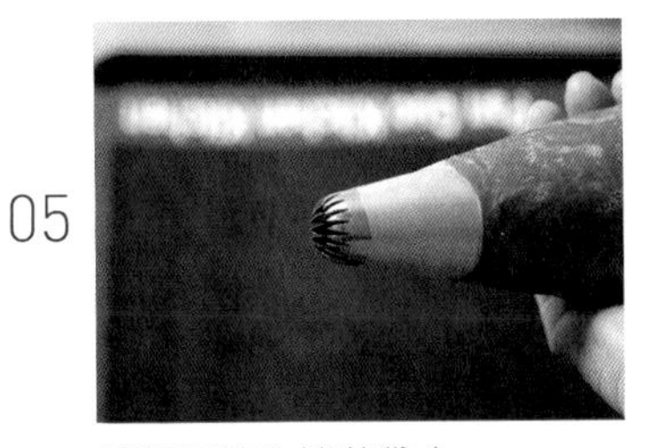

將麵團填入擠花袋中。

Tips 較好使力的容量約擠花袋的1/3左右，裝太多會不容易握且擠花袋容易破裂。

06

擠花袋的尾端須於食指上繞一圈作為固定。

07

於烤墊上擠出水滴型。

08

以上火165°C／下火170°C，烘烤8分鐘後，將烤盤轉向再續烤6分鐘即可。

09

將白巧克力以隔水加熱的方式融化。以貝殼餅乾的前端沾取少許白巧克力。

10

撒上杏仁碎即完成。

來點不一樣的口感

39 菠蘿蘭姆司康 不規則

Raisin Scones with Crispy Top

有人吃菠蘿麵包也超愛吃那層皮的嗎？香香的奶酥味道讓人好難抵抗，這次把菠蘿皮跟司康放在一起，酥酥的口感更加倍了！

材料（直徑約6cm的6個）

低筋麵粉……………105g
無鋁泡打粉……………3g
細砂糖…………………8g
牛奶…………………60g
無鹽奶油……………40g
浸泡過蘭姆酒的葡萄乾
……………………30g

菠蘿皮的材料

高筋麵粉……………65g
無鹽奶油……………30g
細砂糖………………30g
全蛋液………………25g

事前準備

- **a** 奶油切成小方塊備用。
- **b** 烤箱以 上火200℃／下火180℃預熱
- **c** 取80g的葡萄乾先以16g的蘭姆酒浸泡至少2天。

c

How to make

製作菠蘿皮

01

將無鹽奶油加熱至溶化後，倒入細砂糖。

02

攪拌均勻。

03

加入攪散的全蛋液。

04

加入高筋麵粉。

05

以刮刀輕輕拌合成團。

06

將菠蘿麵團放到保鮮膜上。

07

捲成圓柱狀後放冷藏備用。

製作蘭姆司康

08

將低筋麵粉、無鋁泡打粉過篩後與無鹽奶油混合，並加入蘭姆葡萄。

09

加入牛奶後拌勻。

10

拌到如圖的冰淇淋質地即可。

11

將麵團以兩根湯匙或冰淇淋勺分舀至烤盤上。

12

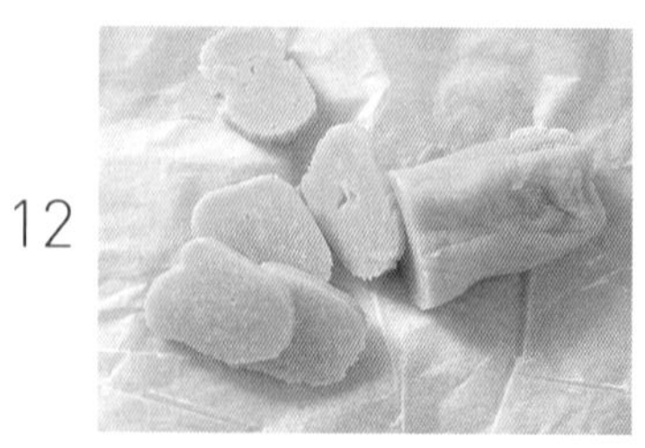

將先前冷藏的菠蘿皮取出切片。

13

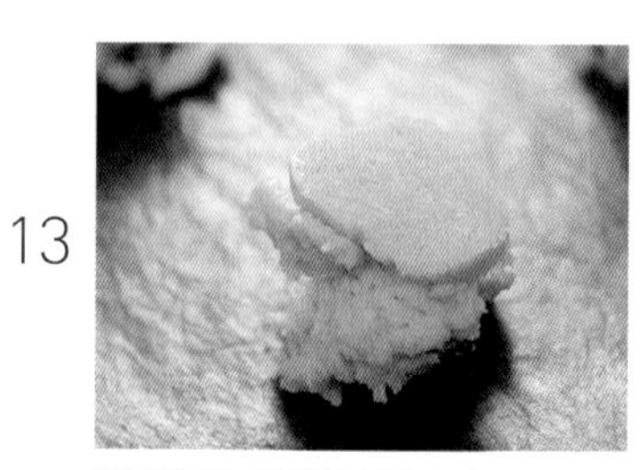

稍微壓扁後蓋於司康上。

14

以200°C／180°C
烤10分鐘，
烤盤調頭後以190°C／
180°C烘烤10分鐘即可。

泡過酒液的果乾，用之前要擰乾嗎？

以這個食譜來說，不需要唷！果乾裡還殘留少許的酒液，烘烤後酒精揮發成甜甜的香氣，味道整個大加分！但如果是要用於烤麵包類的，由於酒液沒有煮過，下的量如果太多，可能會影響發酵，建議稍微壓乾一點點會比較好。

另外酒漬果乾我通常會一次浸泡兩倍以上的用量，並盡量於一周內使用完畢

Chapter 5

{ 不開爐免烤箱，清爽品嚐 }

40 香蕉乳酪布丁 電鍋

Banana Cheese Steam Pudding

產季一到，家裡很容易有吃不完的香蕉，運用香蕉已經熟透的天然香甜味道來製作布丁吧！添加了乳酪後，布丁口感變得更加綿密細緻，加上一些打發的鮮奶油與楓糖漿，真的超級搭的啊～

材料（容量90ml 的模型6個）

布丁體

熟香蕉泥……………28g
奶油乳酪……………150g
牛奶……………113g
全蛋……………200g
細砂糖……………42g
天然香草精……………1g
檸檬汁……………5g

How to make

01

冷凍熟香蕉泥與奶油乳酪放入深鋼盆常溫軟化。

02

將步驟1加入檸檬汁以均值機攪拌均勻。

Tips 檸檬汁可以防止香蕉解凍後快速氧化，不加也可以，但顏色會稍微深一些。

03

全蛋與砂糖混合均勻。

04

將牛奶加熱至周圍出現小泡泡，沖入步驟3中並攪拌均勻。

05

加入香蕉乳酪泥。

06

將完成的乳酪布丁糊過篩一次。

07

將小網篩架於布丁杯上，倒入過篩後的布丁液，作為再次過篩。

08

共可完成6杯成品。

09

電鍋內倒入一碗水，啓動加熱至微微地沸騰後，再放入布丁模型，保持鍋蓋微開。

10 蒸15分鐘後，關閉電源，再悶5分鐘，確定布丁表層不是水狀即可出爐。

Tips 若是想以烤箱烘烤，記得模型表面務必包覆鋁箔紙，並以隔水加熱的方式，冷水高度約模型1/3，上火150℃／下火150℃，烤30分鐘即可。

如何零毛孔蒸布丁

布丁模型可以蓋上鋁箔紙，也可以不蓋，以蒸布丁來說美觀度影響不大，電鍋蓋子微開即可。

大小朋友一定會尖叫的點心

41 小海獅芝麻奶酪

Sesame Panna Cotta

超喜歡芝麻的你一定不能錯過這款免烤點心，由於不需要烤箱，只要冰箱有足夠的空間，就非常適合一口氣將芝麻奶酪的基底製作完成，需要時再裝飾就可以快速登場囉！

材料（容量120ml的3個）

牛奶……440g
無糖黑芝麻醬……38g
細砂糖……66.5g
吉利丁片……3片

白巧克力……適量
黑芝麻粉……適量
竹炭粉……適量

Tips 如果需要換成吉利丁粉，可用7.5g，但由於吉利丁粉須先以37.5g的冷水泡開，故牛奶僅需添加402.5g即可。

事前準備

吉利丁片先以冰水泡開。

How to make

01

除了吉利丁片，將牛奶與黑芝麻醬放入鍋中混合。

02

加入細砂糖混合均勻。

03

以瓦斯爐小火加熱至微溫。

04

確認吉利丁片泡軟後加入。

Tips 黑芝麻醬內的芝麻渣在溫度高時容易分布不均，可以讓奶酪液隔冰水攪拌，充分降溫後再放入冰箱冷藏。

05

將冷卻後的芝麻奶酪液倒入模型中放入冷藏至少3小時。

06

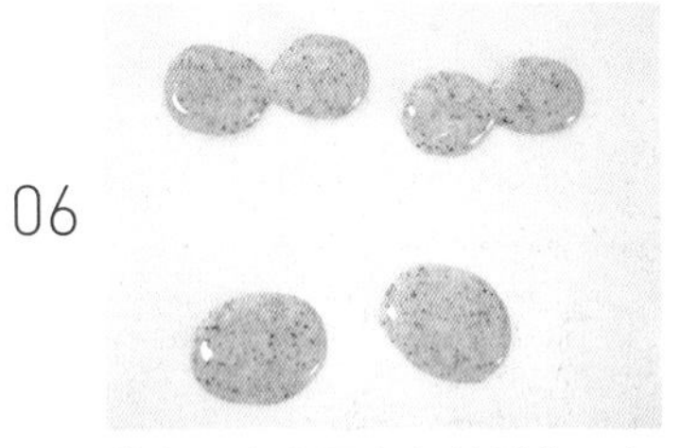

將白巧克力隔水加熱融化，加入適量的黑芝麻粉混合，於烘焙紙上畫出海獅嘴部再放入冷藏硬化。

Tips 這個步驟建議放入擠花袋中會更容易操作。

07

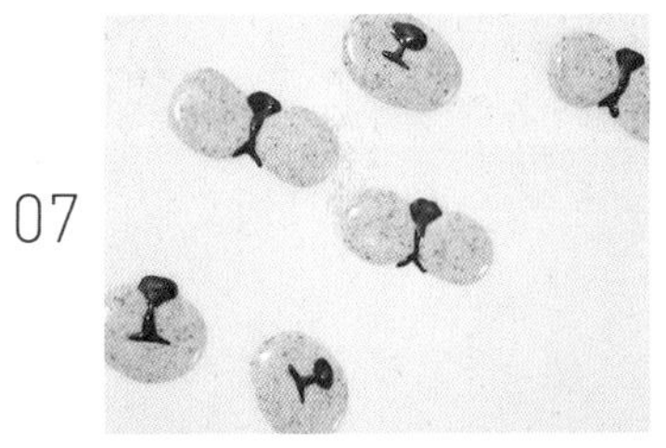

部分的白巧克力加入竹炭粉，以牙籤於凝固的芝麻巧克力上畫出嘴巴細節。

08

將冷卻後的芝麻奶酪取出，放上小海獅的嘴部，再以竹炭黑巧克力畫上表情即完成。

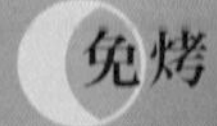

免烤

不能錯過的當季水果甜點

42 碧綠葡萄奶酪

Panna Cotta with Muscat

超級喜歡綠葡萄甜脆的口感，每到產季我就會將它融入各種甜點中，其中最容易製作的應該就是這款奶酪了，只需要多花一些時間等待，就能製作出非常有層次感的甜點，大人享用時還可以加入少許荔枝酒，完成有馥郁果香的奶酪。

材料（容量100ml 的模型6個）

下層奶酪

鮮奶油……………… 200g
牛奶 ………………… 160g
細砂糖………………… 25g
荔枝酒…………………… 3g
（可換蘭姆酒或省略）
吉利丁片…………… 2片
香草莢……………… 1/2條

上層水果晶凍

新鮮綠葡萄 ………… 數顆
水 …………………… 180g
細砂糖……………… 15g
吉利丁……………… 1片

事前準備

將下層的吉利丁片先泡冰水軟化。
香草莢與香草籽分開。

How to make

01

將鮮奶油、牛奶、香草籽、香草莢與細砂糖放入鍋中。以中小火加熱至周圍冒出小泡泡即可離火。

02

確認吉利丁片軟化至圖片中的狀態。

03

取出香草莢，將吉利丁片擰乾，放入鍋中以餘溫溶解攪拌均勻即可。

04

找一個可以放置六杯布丁杯的容器，墊高中間處，即可使布丁杯呈現斜角狀。

Tips 記得注意擺放的穩定性唷！

05

奶酪液過篩後倒入布丁杯中。

Tips 過程中記得小心不要沾到布丁杯的其他地方，才能確保斜角線條的美觀。

06

倒入後的樣子就像圖片一樣會是斜角狀。

07

冷藏3至4小時定型。

08

將上層水果晶凍需要的吉利丁片泡冰水軟化。

09

取一只小鍋放入砂糖與冷水加熱。加入軟化並擠乾水分的吉利丁片攪勻，冷卻至常溫。

10

放上洗淨的綠葡萄數顆。倒入已經冷卻的晶凍層，再冷藏3至4小時即可。

Tips 務必注意晶凍液的溫度，若還有溫度可能會讓下層的奶酪溶出。

也能調整為減醣飲食能吃的口味唷

43 豆乳奶酪 免烤

Soy Bean Panna Cotta

沒有牛奶是不是就不能做布丁了呢?NO NO NO～這款布丁就是為不適合飲用牛奶的朋友設計的啦！材料相當簡單、容易取得，不僅完全免烤，稍微調整一下食材還能送給減醣飲食中的朋友唷～

材料
（容量120ml 的模型4個）

無糖豆漿……………224g
鮮奶油………………150g
細砂糖…………………23g
吉利丁片……………2.5片

How to make

01

吉利丁片先泡冰水軟化。

02

將無糖豆漿、鮮奶油與砂糖放入鍋中混合。

Tips **減醣飲食的朋友，可以將細砂糖換成羅漢果糖或是赤藻醣醇20g。**

03

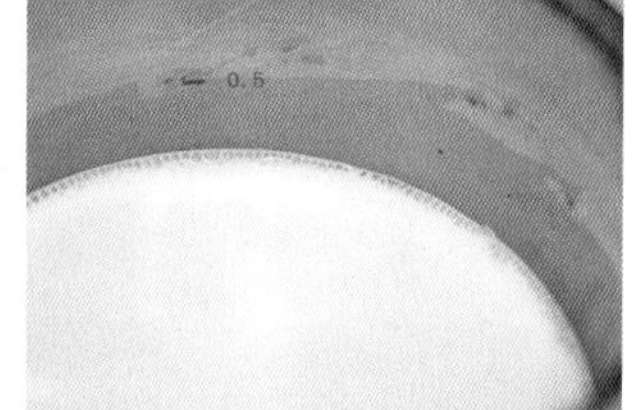

中小火加熱至周圍冒泡泡，離火備用。

04

確認吉利丁片已軟化至圖中的狀態。

05

擠乾吉利丁片多餘的水分，再加入鍋中。運用奶酪液的餘溫溶解吉利丁片，以打蛋器攪拌均勻。

07

每杯容器約盛裝100g的奶酪液。

08

冷藏3-4小時後即可享用。

Tips 享用前加上少許蜜紅豆與黃豆粉，味道會更好唷！

同場加映「免顧火蜜紅豆的做法」

紅豆500g、水1400g、二砂糖400g

01

將紅豆放入小鍋，鍋中的水約1500g，泡水半日。

02

過程中不好的豆子會飄在水上，挑掉即可。

03

紅豆瀝乾，放入燜燒鍋內鍋，加入620g的水。

04

蓋上鍋蓋煮滾，以湯匙稍微翻動後即可移入燜燒鍋的外鍋。

05 燜4-5小時，中途不需開蓋。時間到，可挑上層的來吃吃看是否有熟，也可選擇再次加溫回燜。

06 趁熱將紅豆水與紅豆分離。

07

紅豆與400g的二砂糖拌勻，若溫度太低，可放到火上稍微加溫至糖融化。

08

放入密封的容器內，浸泡一天後即可享用。

Tips 僅泡水半日的紅豆，搭配燜燒鍋的穩定溫度煮出來的蜜紅豆幾乎不會破，還會帶有一點口感，我超喜歡這樣粒粒分明的感覺。
若擔心豆類使腸胃脹氣，可拌入1/2小匙鹽巴。

把迷人的春天櫻色收在瓶子裡～

44 手作甜桃果醬

Nectarines Jam

早熟的甜桃大概在台灣的3月左右就可以在市場見到，外表很像縮小版的水蜜桃，不過相較於多汁柔軟的水蜜桃，甜桃的果肉是偏脆的，我喜歡保留外皮一起煮醬，這樣完成的果醬才會是浪漫的粉紅色唷！

材料

熟透的甜桃去核……500g
檸檬汁………………25g
砂糖…………………175g

事前準備

- 甜桃洗淨後，切成小塊備用。
- 果醬瓶與蓋子，放入熱水中煮沸後放涼備用。

How to make

01

將熟透的甜桃塊、砂糖與檸檬汁放入盆中。

Tips 若挑選的甜桃還不夠軟，可以將果肉以食物調理機先切碎一些。

02

拌勻後，以保鮮膜封緊，靜置一夜。

03

以中小火慢慢熬煮，若有出現泡沫請以湯匙撈除。

04

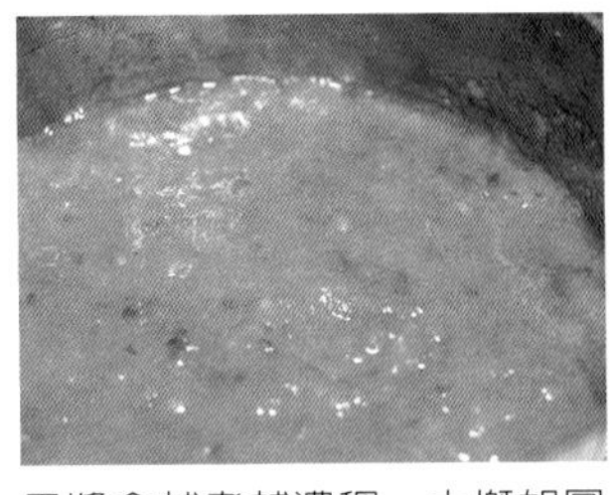

果醬會越煮越濃稠，大概如圖片中的樣子。

05

起鍋前如果覺得還是果醬不夠細緻，此時可以用手持攪拌機再打勻一些。

06

趁熱將果醬倒入玻璃罐中，蓋上上蓋倒扣至涼就可以翻回正面完成囉！

アップル
ジャム

一年四季都可以品嚐的好味道～

45 荔香蘋果醬

Apple Jam with Lychee Liqueurs

除了草莓醬之外，蘋果醬應該是我們家冰箱裡最常出現的抹醬，把香香的蘋果熬成金黃色的岩漿，再豪邁地抹上吐司，保證香甜的味道會在舌尖上噴發！夏天的時候，搭配優格或是香草冰淇淋吃也超級棒唷！

材料

蘋果……300g
檸檬汁……20g
砂糖……70g
麥芽糖……45g
荔枝酒……8g

事前準備

- 蘋果洗淨後去核，切成小塊備用。
- 果醬瓶與蓋子，放入熱水中煮沸後放涼備用。

How to make

01

將蘋果、砂糖與檸檬汁放入盆中，靜置一夜。

02

以中小火慢慢熬煮，若有出現泡沫請以湯匙撈除。

03

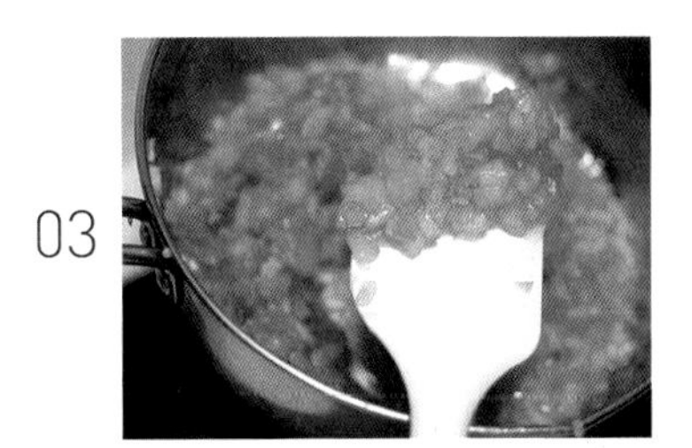

蘋果煮到有點半透明狀，就可以放入麥芽糖了。

Tips 麥芽糖的甜度比砂糖低，也有助於增加冷卻後的凝結度唷！

04

起鍋前熄火，加入荔枝酒拌勻。

05

趁熱將果醬倒入玻璃罐中。

06

蓋上上蓋倒扣至涼就可以翻回正面完成囉！

Kitchen Blog

「超省時麵團×不失敗麵糊」RoBistore的烘焙食光

作者 / 攝影　李彼飛

出版者 / 出版菊文化事業有限公司　P.C. Publishing Co.

發行人　趙天德

總編輯　車東蔚

文案編輯　編輯部　美術編輯　R.C. Work Shop

台北市雨聲街77號1樓

TEL：(02)2838-7996　FAX：(02)2836-0028

法律顧問　劉陽明律師　名陽法律事務所

初版日期　2020年4月

定價　新台幣 340元

ISBN-13：9789866210709　書　號　K17

讀者專線 (02) 2836-0069

www.ecook.com.tw

E-mail　service@ecook.com.tw

劃撥帳號　19260956 大境文化事業有限公司

「超省時麵團×不失敗麵糊」RoBistore的烘焙食光

李彼飛 著 初版. 臺北市：出版菊文化，2020

144面；19×26公分 (Kitchen Blog系列：17)

ISBN-13：9789866210709

1.點心食譜

427.16　　109002856

請連結至以下表單填寫讀者回函，將不定期的收到優惠通知。

本書的照片、截圖以及內容嚴禁擅自轉載。

本書的影印、掃瞄、數位化等擅自複製，除去著作權法上之例外，皆嚴格禁止。

Printed in Taiwan

委託業者等第三者進行本書之掃瞄或數位化等，即使是個人或家庭內使用，也視作違反著作權法。

購書抽獎送
パンの鍋（胖鍋）第六代製麵包機

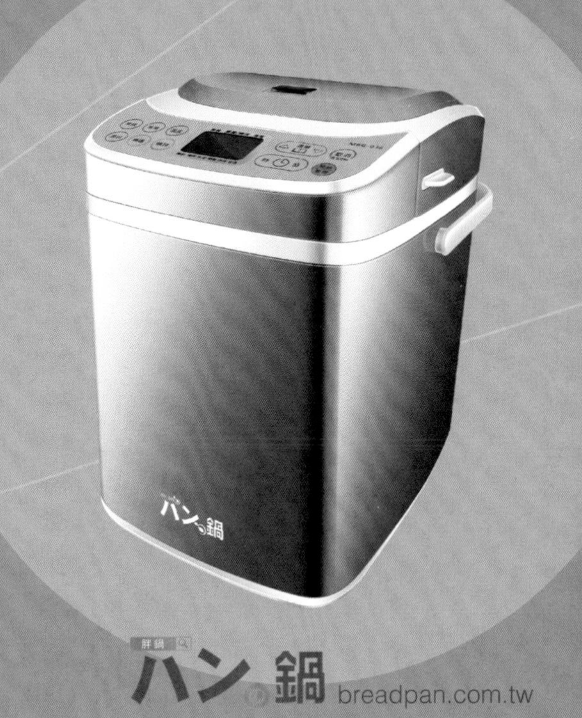

爲了讓您更輕鬆的享受自家烘焙的熱騰騰麵包，我們準備了『パンの鍋（胖鍋）麵包機』共3台，要送給幸運的讀者！只要掃描左頁QR code填妥讀者回函，並拍照留下您的購書單據，供中獎後核對。2020年6月20日截止，6月30日將抽獎揭曉！

（幸運中獎讀者將以電話個別通知，
名單公佈於出版菊文化與B.L.旅人食光部落格）

パンの鍋(胖鍋)第六代製麵包機MBG-036s

パンの鍋從第1代到第6代麵包機堅持做出符合台灣人口味的吐司，全球首創溫度偵測設定，控制出最佳的麵糰終溫，讓麵包口感再升級^^。貼心的快速鍵「攪拌」功能，讓我們省時、省力，麵糰也可以揉的更光滑。不需花費太多時間，只要手指按一下，輕輕鬆鬆就可以等香噴噴的麵包出爐囉！